2020년 국가 특허전략 청사진 구축·활용사업

로봇산업

특허 메가트렌드 분석 보고서

특허청 · 한국특허전략개발원

CONTENTS

I 보고서 개요

01. 보고서 구성과 내용 ··· 3
02. 로봇 산업의 기술 체계 ··· 4
03. 특허 검색 범위 및 방법 ··· 6
04. 특허 분석 항목별 의미 ··· 7

II 로봇 산업 환경 분석

01. 로봇 산업 시장 동향 ··· 11
02. 로봇 산업 정책 동향 ··· 14
03. 로봇 산업 기술 동향 ··· 16
04. 로봇 주요 Player 동향 ·· 18

III 로봇 산업 특허 분석

01. 로봇 산업 특허 분석 ··· 23
   1-1. 특허청별 연도별 출원 현황 ·· 23
   1-2. 특허청별 구간별 출원 현황 ·· 24
   1-3. 주요 출원인 국적별 출원 건수 및 해외 출원 현황 ···························· 24
   1-4. 출원인 국적별 피인용 지수 ·· 25
   1-5. 주요 출원인의 특허 집중도 ·· 26
   1-6. 출원인 국적별 주요시장 점유율 ··· 27
   1-7. TOP10 출원인의 출원 점유율 ·· 28
   1-8. TOP10 출원인의 특허청별 출원 현황 ··· 29

IV. 로봇 산업 대분류별 특허 분석

01. 로봇 산업 대분류 기술별 분석 · · · · · · · 33
    1-1. 대분류별 특허청별 연도별 출원 현황 · · · · · · · 33
    1-2. 대분류별 출원인 국적별 출원 점유율(TOP5) · · · · · · · 35
    1-3. 대분류별 피인용 지수(TOP5) · · · · · · · 36
    1-4. 대분류별 시장확보 증가율(TOP5) · · · · · · · 37
    1-5. 대분류별 주요 출원인 및 특허 집중도(TOP5) · · · · · · · 38

V. 로봇 산업 부상기술

01. 로봇 산업 부상기술 분석 · · · · · · · 43
    1-1. 분석지표 · · · · · · · 43
    1-2. 기술별 IP 활동력 분석 결과 · · · · · · · 44
    1-3. 기술별 IP 기술력 분석 결과 · · · · · · · 45

02. 로봇 산업 부상기술 도출 · · · · · · · 46
    2-1. MATRIX 분석을 통한 부상기술 도출 방법 · · · · · · · 46
    2-2. 부상기술 분석 결과 · · · · · · · 47

VI. 로봇 산업 부상기술 지표 분석

01. 전문서비스 · · · · · · · 51
02. 오디오 기반 · · · · · · · 53
03. 환경 · · · · · · · 55
04. 경로 계획 · · · · · · · 57
05. 환경모델링 · · · · · · · 59
06. 비디오 기반 · · · · · · · 61
07. 오감 관련 센싱 모듈 · · · · · · · 63

CONTENTS

08. 환경 및 위치 인식 ··· 65
09. 모션 관련 센싱 모듈 ··· 67
10. 매니플레이터 활용 ··· 69

VII 부록

01. 로봇 산업 중분류 기술별 분석 ··· 73
   1-1. 로봇기반 특허청별 연도별 출원 현황 ······························· 73
   1-2. 로봇기반 중분류 기술별 주요 출원인 TOP5 ····················· 78
   2-1. 로봇응용 특허청별 연도별 출원 현황 ······························· 79
   2-2. 로봇응용 중분류 기술별 주요 출원인 TOP5 ····················· 80

별첨 로봇 산업 별첨

소분류별 특허 검색식 ··· 83

I

보고서 개요

01 보고서 구성과 내용

- 본 보고서의 목적은 17개 산업에 대해 주요 국가에 출원된 특허 데이터를 분석하여 배포함으로써 관련 분야의 현상을 파악하고자 하는 정보 수요자가 특허 관점에서의 거시적 트렌드를 습득하거나 활용토록 하는 데 있음
- 이를 위해 특허청(한국특허전략개발원)에서는 17개 산업을 산업-대분류-중분류-소분류의 4개 레벨로 기술 체계를 구성함
- 이를 바탕으로, 주요국(한국, 미국, 유럽, 중국, 일본) 특허청에 출원된 특허에 대해 각 기술체계별로 검색식을 작성 및 적용하여 특허를 전수 조사, 17개 산업 특허 DB를 구축함
- 본 보고서는 위에서 설명한 기술체계 및 특허 DB 중 하나의 산업 분야에 대해 정량적으로 특허를 분석한 것이며 위에 구축한 특허 DB의 전체 4개 레벨 체계 중 산업-대분류의 상위 2레벨 깊이까지 분석하여 거시적 측면의 현황을 조망하고자 함
- 본 보고서에서는 산업-대분류별 시장/정책/기술/주요 player 분석을 통해 산업의 거시적 환경 측면의 현황도 함께 조망하고자 함

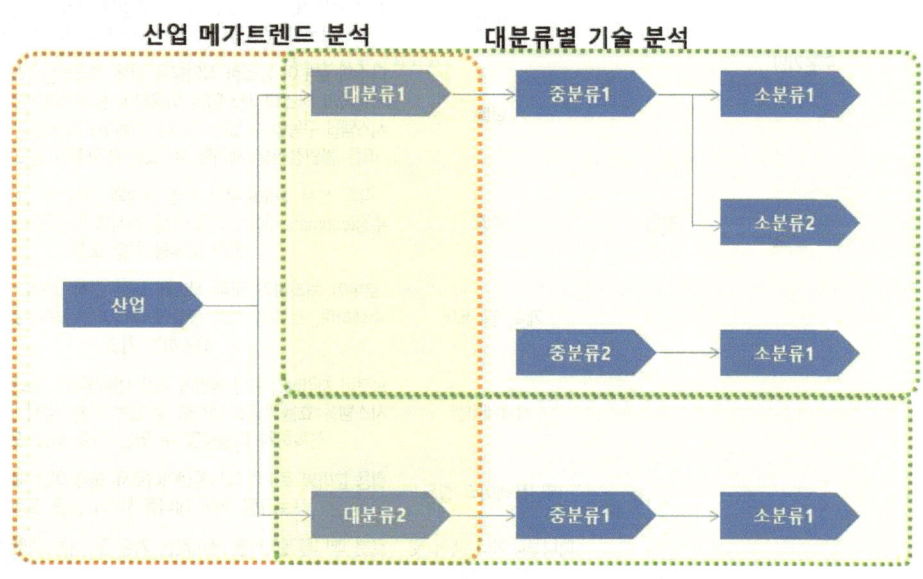

02 로봇 산업의 기술 체계

산업	대분류	중분류	소분류	기술정의
로봇	로봇기반	부품	구동 모듈	로봇을 제어하거나 움직이기 위한 기계 장치로서, 전기 신호 등의 입력신호를 움직임으로 변환하는 장치를 의미함. 감속기, 유압기, 인공근육형 구동기 등을 포함
			모션 관련 센싱 모듈	모션 관련 센서 관련 기술로서, 소나 등 거리센서, 로봇 운동상태 측정 센서, 3D 환경 측정 센서 등을 포함
			오감 관련 센싱 모듈	후각, 청각, 시각 기반의 센서를 통한 정보 인식 기술, 로봇을 원격 제어하기 위한 정보 처리 기술 등을 포함
		이동	환경 및 위치 인식	실내외 환경에서 활용되는 위치 인식 및 구현 기술, 자기위치 추정 기술 등을 포함
			경로 계획	최단거리, 최소회전, 안전주행 등 다양한 이동조건에 따른 2차원 또는 3차원 환경에서의 경로계획으로서, 주로 실내 및 2차원 근사화가 가능한 도로환경, 장애물 감지 및 회피를 위한 경로계획 포함
			환경 모델링	로봇이 이동하는 환경의 데이터를 활용하여 주변 공간을 2차원 또는 3차원으로 모델링하는 기술
			이동 매커니즘	로봇의 이동 매커니즘 관련 기술로서, 형태에 따라 차륜형, 생체모방형 등으로 분류됨
		작업	안전	사람-로봇 및 로봇-로봇 사이에 충돌을 미리 방지할 수 있도록 로봇의 운동을 제한하는 메커니즘 및 알고리듬
			협동	다수의 로봇이 동일한 작업물을 함께 취급하는 협업기술 또는 사용자가 마스터 시스템을 이용하여 원거리에 있는 슬레이브 시스템을 구동할 수 있는 마스터-슬레이브 시스템 및 시간지연에 따른 불안정성을 제거할 수 있는 안정적인 알고리듬 기술
			환경	각종 센서 정보로부터 작업 환경의 형상 및 강성 정보를 추정(estimation)하는 기술, 각종 센서를 이용하여 작업을 위한 환경 모델링 기술 포함
			계획 및 제어	로봇이 처리하기 위한 작업에 대한 조작, 계획, 제어 등을 수행하며, 로봇이 작업 상황에 대하여 종합적으로 판단하고 행동하는 기술
			시뮬레이션	로봇이 처리하기 위한 작업에 대한 시뮬레이션 기술로서, 다물체 시스템을 효율적으로 해석할 수 있는 기술, 강제 및 탄성제를 정확하게 모델링할 수 있는 기술 등을 포함
		기구부	매니플레이터 활용	활용 분야별 로봇의 매니플레이터로서, 물체 이동 매니플레이터, 프로그램 제어 매니플레이터 등을 포함
			매니플레이터 제어 및 부속 장치	로봇 매니플레이터를 제어하는 기술 및 이를 위한 부속 장치 관련 기술
			매니플레이터 구조	매니플레이터를 지지하는 몸체, 손과 손목을 원하는 위치로 보내는 팔, 손을 원하는 위치 또는 방향으로 이동시키는 손목, 대상물을 잡거나 주어진 작업을 실제로 수행하는 손 등을 포함

산업	대분류	중분류	소분류	기술정의
로봇응용		인간로봇 상호작용	오디오 기반	오디오 기반의 음성 인식을 통한 의도 및 상황 판단, 음원 추적 등의 기술
			비디오 기반	비디오 기반의 데이터를 근거로 하여 사용자 관련 표정, 신원, 감정 등을 인식, 시공간 및 주변환경 파악, 사용자 의도 및 상황 판단 기술 등을 포함
		서비스 로봇	개인서비스	건강관리, 교육, 가사 등 개인의 생활과 밀접한 관련이 있는 로봇으로 개인의 삶의 질 향상을 위한 서비스 및 콘텐츠를 제공해 주는 로봇
			전문서비스	의료, 국방 등 전문가를 보조하며, 서비스를 제공하는 로봇으로서 불특정 다수를 위한 서비스 제공 및 전문화된 작업을 수행하는 로봇

로봇 산업

03 특허 검색 범위 및 방법

○ 특허검색 범위의 경우, 지역적 범위는 한국을 포함하여 미국, 일본, 유럽, 중국 특허청이 포함된 IP5 지역으로 한정하였고, 시간적 범위는 출원 일자를 기준으로 하여 1999년 1월 1일 ~ 2020년 6월 30일까지 등록 또는 공개된 특허로 한정함(대체로 출원 후 공개까지 1년 6개월이 걸리는 점을 고려할 때 2019년 1월 이후에는 미공개 특허가 일부 존재할 수 있음)

<표> 특허검색 대상 지역 및 기간

구분	설명
특허검색 대상 지역	한국(KR), 미국(US), 일본(JP), 유럽(EP), 중국(CN)
특허검색 기간	1999년 1월 1일 ~ 2020년 6월 30일(출원일자 기준)

○ 본 보고서에서는 특허 출원시기에 대한 분석 처리 및 그 결과를 좀 더 직관적으로 확인할 수 있도록 하기 위해 아래와 같이 출원년도 기준 5년 단위로 구간을 설정하여 분석함

 - 1구간: 1999~2003년, 2구간: 2004~2008년, 3구간: 2009~2013년, 4구간: 2014~2018년

 ※ 미공개 특허가 다수 포함된 2019, 2020년은 구간에 포함하지 않음

○ 특허 서지사항 및 소송정보 등의 부가정보는 KEYWERT에서 제공한 특허 DB를 사용함

<표> 특허정보 DB

DB	내용
KEYWERT	특허 기본정보

○ 특허데이터를 수집하기 위한 검색식을 작성하기 위해 각 분야의 기술 분류체계에 맞는 관련 IPC/CPC 및 핵심키워드와 유사/동의어를 선정함

○ 소분류 기술별로 작성된 검색식 및 IPC/CPC를 적용하여 Raw data를 추출한 후, 이에 대해 전수 필터링(관련성 낮은 특허 제거)을 거쳐 해당 기술체계의 최종 유효 데이터를 구축함

<표> 유효데이터 건수

| 산업분야 | 기술체계 단계별 유효데이터 건수 ||||
	소분류	중분류	대분류	산업
로봇	131,690	115,934	106,795	102,271

* 소분류→ 중분류→ 대분류→ 산업단계별 기술체계 간 중복 데이터를 제거하여 건수 산출

04 특허 분석 항목별 의미

○ **출원건수**
- '기술혁신 활동의 현황'을 양적으로 파악하려는 목적의 지표이며, 출원 건수가 많거나 출원 점유율이 높을수록 대상 분석 항목의 기술혁신(발명) 활동이 활발하다고 해석할 수 있음

○ **해외출원 패밀리 확보 건수**
- 동일한 기술 사상에 대해 여러 국가에서 권리를 가지고자 할 때, 각국에 출원된 해당 특허들의 군집을 '특허패밀리'라고 하며 여기에 소속된 특허를 '패밀리특허'라고 하는데, 이를 통해 해당 발명에 대해 해외 시장에 진출(자국 외 패밀리 특허 출원을 통한 권리확보)하려는 의지를 측정함으로써 시장성을 간접적으로 판단할 수 있는 지표가 될 수 있음
- 시장 확보율은 출원 특허 1건당의 평균 패밀리 국가수의(Family Size) 비율을 의미하며, 아래 수식으로 산출함

$$시장확보율 = \frac{(패밀리국가수의합/출원건수)}{(전체패밀리국가수의합/전체출원건수)}$$

○ **피인용 지수**
- 피인용 지수란 미국 등록 특허를 대상으로, 해당 특허가 후행 특허 또는 문헌에 얼마나 인용되었는지를 환산한 지표로써 기술의 영향력을 간접적으로 볼 수 있는 질적 판단 요소임
- 피인용수가 많을수록 대상 분석항목의 특허 파급력 및 영향력이 높다고 해석할 수 있음

$$피인용지수 = \frac{등록특허피인용횟수}{등록건수}$$

○ **특허청별 분석**
- 속지주의를 가지는 특허 제도의 특성상 발명의 권리를 자국 외의 지역으로 확대하기 위해서는 해당 지역의 관할 특허청에 특허를 출원하여 등록받아야 하는데, 이를 기초로 특허청별 분석을 통해 해당 기술 또는 주체가 어떤 시장을 타겟으로 진출하고자 하는지 그 경향을 파악할 수 있음

로봇 산업

○ 연도 및 구간별 분석
   - 연도나 구간별 분석을 통해 분석하고자 하는 지표에 대한 시계열적 변화를 살펴볼 수 있으며 전체 대비 최근이나 과거대비 최근 등의 추이를 비교해 볼 수 있고, 향후 예측도 간접적으로 할 수 있음
   - 구간: (1구간) 1999~2003, (2구간) 2004~2008, (3구간) 2009~2013, (4구간) 2014~2018

○ 출원인 국적별 분석
   - 개별 특허의 출원인(권리자)이 속한 본래의 국적을 기준으로 분석함으로써 분석 대상 분야에 대한 국가별 양적, 질적 경쟁력을 간접적으로 비교, 파악할 수 있음

○ 주요 출원인별 분석
   - 분석 대상 분야에 대해 주요 특허 출원인(권리자)별 양적, 질적 경쟁력을 간접적으로 비교, 파악할 수 있음

○ 기술 집중도 분석
   - 분석 대상 분야에 대한 세부 기술별 출원량 등을 파악함으로써 출원인이 어느 기술에 좀 더 기술혁신 활동을 집중하고 있는지 등을 간접적으로 파악할 수 있음

Ⅱ

로봇 산업 환경 분석

01 로봇 산업 시장 동향

- **(시장규모)** '17년 기준, 세계 제조용 로봇 판매량은 연평균 14% 성장률로 38.1만 대를 기록하였으며, '20년에는 매출액 기준으로 172억 불을 달성할 것으로 예측됨
  - **(범용성 확대)** 제조용 로봇산업으로의 대규모 투자, 기술 발전이 제품 가격하락으로 이어지면서 접근성 및 범용성이 확대되었고, 이로 인한 중소기업의 수요가 전체 시장 성장을 견인하는 양상

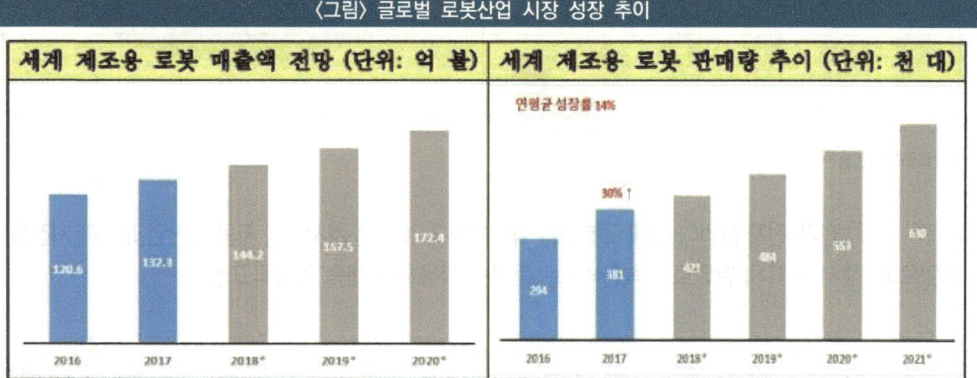

〈그림〉 글로벌 로봇산업 시장 성장 추이

* 출처 : 한국로봇산업진흥원, 세계로봇연맹

- **(시장현황)** '17년 주요 5개국의 시장점유율이 73%를 기록했으며, 세계 1위 중국 시장 판매량은 137.9천대로 전체의 36.2%를 차지

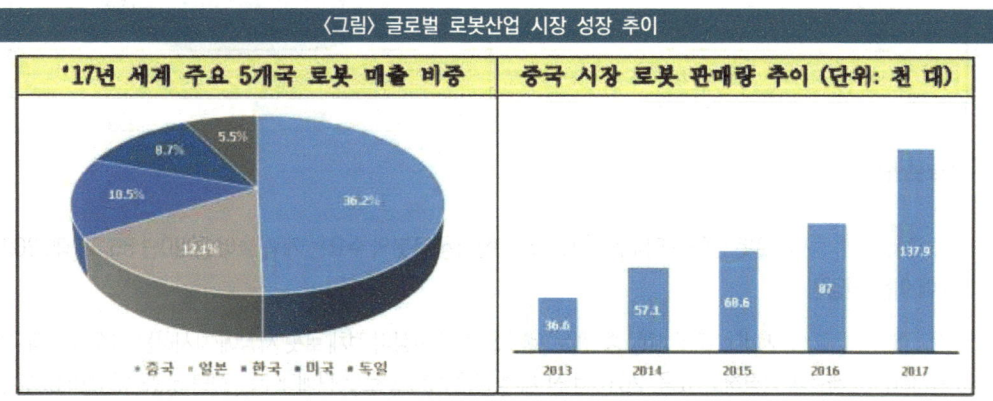

〈그림〉 글로벌 로봇산업 시장 성장 추이

* 출처 : 세계로봇연맹

로봇 산업

- **(로봇밀도)** '17년 중국의 로봇밀도는 97대로 세계 평균 85대를 소폭 상회하는 수준으로 아직까지 성장잠재력이 충분하며, 한국은 8년째 로봇밀도 부분 세계 1위를 유지 중
- **(아태지역 강세)** 중국을 중심으로 아태지역 제조용 로봇 시장점유율이 전체 70% 이상으로 압도적으로 높으며, 인도, 태국 등 동남아 국가의 성장으로 아태 지역의 강세가 지속되고 있음

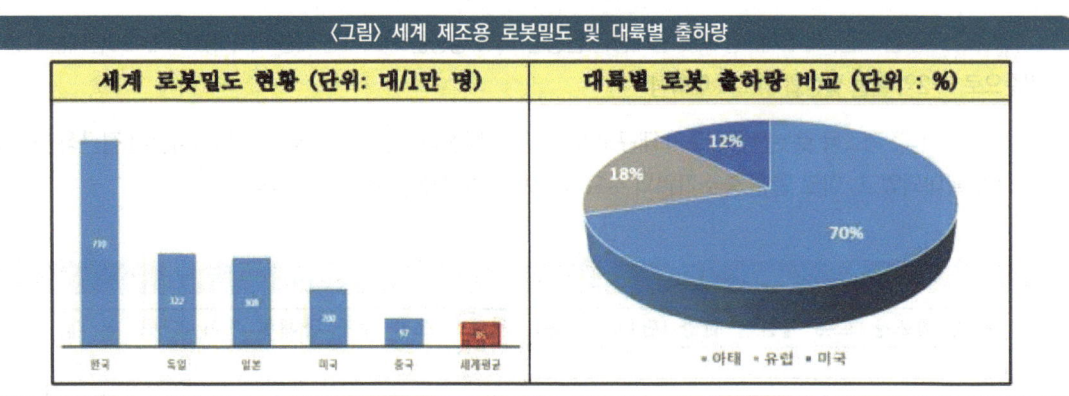

〈그림〉 세계 제조용 로봇밀도 및 대륙별 출하량

* 출처 : 한국로봇산업진흥원

- **(적용처 확대)** 전기·전자 산업이 전체 로봇산업 적용처의 31.8%를 차지하며 자동차 산업과 함께 시장을 주도하고 있으며, 센서 및 IT의 발달로 금속, 식음료 등으로 적용처가 계속 확대되고 있음

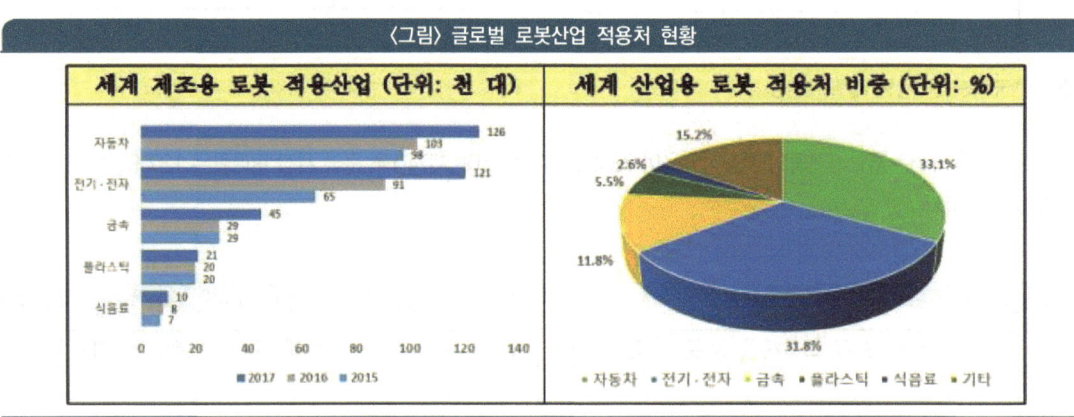

〈그림〉 글로벌 로봇산업 적용처 현황

* 출처 : 한국로봇산업진흥원

- ○ **(산업용 로봇 세계 동향)** 로봇 산업의 대부분을 차지하는 산업용 로봇의 수요는 계속 늘어 2020년 55.3만대, 2021년에 63만대에 이를 전망임
- ○ **(서비스 로봇 세계 동향)** 서비스 로봇 시장 중 '전문 서비스 로봇' 시장이 전체 로봇 시장에 차지하는 비중이 금액기준으로 10% 차지하면서 빠르게 성장하고 있음. 2016년 전 세계 전문 서비스 로봇 판매대수는 전년 5.9만대 대비 85% 증가한 11만대로, 판매액은 39% 늘어난 66억 달러(약 7.4조원)에 달함

〈그림〉 전문서비스 로봇의 주요 어플리케이션 현황 및 전망

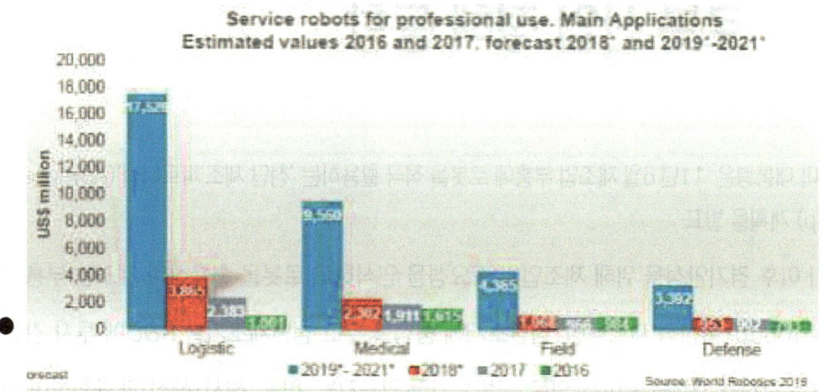

* 출처 : '2018 세계 로봇 보고서', 국제로봇연맹(International Federation of Robotics, IFR)

○ **(전문 서비스 로봇 세계 동향)** 전문 서비스 로봇은 2017년 10만 9,500대가 판매되어 전년대비 85% 성장한 것으로 나타남. 2019년부터 2021년까지 3년간 총 73만 6,000대의 전문 서비스 로봇이 판매되어 연평균 21% 성장할 것으로 전망됨

로봇 산업

02 로봇 산업 정책 동향

- **(미국)** 오바마 대통령은 '11년 6월 제조업 부흥에 로봇을 적극 활용하는 '첨단 제조 파트너십'(Advanced Manufacturing Partnership) 계획을 발표

  - 금융위기 이후 경기안정을 위해 제조업의 중요성을 인식하고 로봇을 활용하여 제조업 부흥 추진
  - 로봇(Co-robot)·혁신적 제조공정·첨단소재에 중점을 두고 첨단제조기술 R&D에 투자 강화
  - 전통적으로 강점을 가졌던 서비스(의료, 국방), 기술(인공지능, 이동, 센서·센싱)과 융합하여 제조용·서비스용 로봇 투자 확대 예정

- **(일본)** 아베 총리는 '14년 5월 新산업혁명 연설 등 성장전략의 핵심 정책으로 '로봇혁명' 추진 발표

  - 저출산·고령화로 인한 노동력 감소에 대비하고, 안전하고 편리한 사회환경을 실현하기 위해 지능형 로봇산업 육성
  - 전통적으로 자동차 산업이 발달했기 때문에 제조용 로봇 기술 경쟁력이 뛰어나, 이를 바탕으로 개인서비스용 로봇시장 육성
  - 로봇 수요 창출을 통해 로봇산업 활성화 추진 및 표준화

- **(EU)** 전 로봇분야에 걸쳐 산·학·연·관이 모두 참여하는 세계 최대 규모의 로봇 프로그램(SPARC)에 21.1억 유로 투자 발표('14년)

  - 제조, 농업, 헬스, 교통, 사회안전 등 타산업과 융합을 통해 세계 로봇시장에서 EU의 시장선점 강화 정책 추진
  - 정책방향은 의료·복지를 위한 서비스용 로봇에 중점을 두고 있으며 중소제조업 활성화를 위한 중소기업용 로봇의 중요성 강조
  - 독일은 중소제조업 활성화를 위한 인간-로봇 공동작업체계(SME Robotics Work System) 개발 등 하이테크 전략(Industry 4.0) 추진

- **(중국)** 시진핑 주석은 '14년 6월 "로봇 기술이 제조업분만 아니라 국가의 경쟁력이다."라고 발표하면서, 향후 중국이 '세계1위 로봇 강국', '세계 최대의 로봇 국가'가 될 것이라고 강조

  - 중국은 세계 제조용 로봇수요의 24.9%를 차지하지만, 글로벌 대기업(FANUC, 야스카와, ABB, KUKA)이 중국 시장을 점유
  - '18년이면 세계 제조용 로봇시장의 1/3 이상을 차지할 것으로 전망
  - 중국은 '20년까지 세계 로봇시장 점유율 45.0% 달성을 목표로 함

○ **(한국)** 정부는 로봇 산업을 기술 혁신, 신규 투자가 유망한 신산업으로 지정하고 지능형 로봇 개발 및 보급 촉진법 제정을 시작으로 두 차례에 걸친 지능형 로봇 기본계획 발표

- **(1차, 2차 기본계획)** '09년 제1차 지능형로봇 기본계획 발표 이후, R&D 역량 제고, 수요 확대, 개방형 생태계 조성, 로봇융합 네트워크 구축을 중심으로 '14년 제2차 기본계획 발표

- **(지능형 로봇산업 발전전략)** '18년 협동로봇과 서비스 로봇 중심으로 시장 활성화, 핵심 부품 집중 지원, 선제적 제도 정비를 위한 지능형 로봇 산업 발전전략 발표

〈표〉 지능형 로봇 산업 발전전략 주요 내용

① **협동로봇 및 유망 서비스로봇 개발·보급 프로젝트 추진**
 - 스마트 공장 구축기업, 뿌리기업을 중심으로 협동로봇 확대 보급
 - 5대 유망 분야*의 서비스로봇 상용화 추진
  * 5대 유망 분야 : 스마트홈, 의료·재활, 재난·안전, 무인이송, 농업용 로봇
 - 산·학·연 전문가, 수요 기관 등이 참여하는 로봇 얼라이언스 구성

② **로봇산업 혁신역량 강화**
 - 구동, 센싱, 제어 등의 로봇부품 경쟁력 확보를 위한 개발전략 수립
 - 로봇 연구, 지원기관을 업체, 분야를 고려하여 3개 권역별로 클러스터링*
  * 경남권 : 로봇 융합, 수도권·충청권 : 부품, 호남권 : 의료·재활로봇

③ **신시장 창출 및 성장 지원체계 구축**
 - 로봇 확산을 저해하는 규제 적극 발굴 및 개선
 - 로봇사업코디네이터 확충을 통한 로봇 서비스 일자리 확대

④ **로봇의 사회적 인식 제고를 위한 로봇 체험기회 확대 및 홍보 추진**
 - 평창올림픽과 연계한 세계 최초 스키로봇 대회 개최
 - 국제 로봇 콘테스트, 로봇 융합 페스티벌 등의 경진대회 개최

* 출처 : 산업통상자원부

로봇 산업

03 로봇 산업 기술 동향

○ '제조로봇'의 기술동향
 - 현재의 로봇으로는 자동화 매우 어려운 공정의 자동화 요구에 대응 : 조립공정 자동화를 위한 로봇기술 개발
 - 유형화, 체계화 되지 않은 공정의 자동화 요구에 대응 : 인간-로봇이 작업공간을 공유하는 환경에서 사용가능한 로봇기술 개발

○ '전문서비스로봇'의 기술동향
 - 물류로봇 : 물류센터/공장물류 로봇, Pick & Place 기능을 가진 물류로봇, 병원·요양원·호텔 등 대형건물에서의 물류이송 로봇, 라스트 마일 배송 로봇, 재고관리 로봇 등이 개발되고 있음
 - 농업로봇 : 해외 기업/대학에서는 연구 및 초기 상용화 수준에서는 제초, 방제, 이송, 수확, 시비로봇 등이 시도되고 있으나, 본격적인 상용화는 이루어지지 않고 있음. 국내 기업/대학에서는 전통적인 로봇업체 주도의 기술개발이 아닌 기존 농기계 전문 산업체의 제품군들에 대한 자동화, 무인화, 지능화 과정에서 로봇 기술이 접목되고 있음. 본격적인 로봇 기술의 적용은 아직 이루어지고 있지 않으며, LS엠트론이나 대동공업과 같은 기존 농기계 전문 업체가 로봇 기술을 적용한 스마트 트랙터 등에 관심을 보이고 있는 상황임
 - 의료로봇 : 1) 영상기반기술 및 인공지능/빅데이터 기술, 수술로봇 시스템 등을 포함하는 수술로봇, 2) 마이크로 의료로봇, 3) 의료행위 서비스로봇, 4) 재활로봇 등이 개발되고 있음. 특히, 세계적인 인구 고령화 추세에 따라서 고령자 케어의 사회비용 증가, 간병인력 부족에 대한 해결책 및 신규 산업창출을 위한 서비스로봇 기술개발에 주력하고 있음
 - 안전로봇 : 사회안전, 국방, 원자력 등 공공적인 전문 서비스를 위해 감시, 예측 및 대응 수단을 제공하는 다양한 형태의 로봇이 개발되고 있음

○ '개인서비스로봇'의 기술동향
 - 청소로봇 : 필수 가전용 제품으로 확고해질 만큼 상용화에 성공적임. 대부분 유사한 디자인에 다양한 센서를 내장하여 각 제품의 특징에 따라 가정 실내를 주행하며 자동을 청소함
 - 홈비서(소셜) 로봇 : 가정 내에서 서비스를 위해 친근감 있는 디자인을 가지고, 클라우드 서비스와 연동하여 다양한 정보 제공. 대화엔진, 감정인식, 표현엔진 등 인간과 상호작용에 필요한 다양한 기능을 내장하고 있음
 - 헬스케어 로봇 : 개인의 건강 보조용 로봇으로 신체측정 센서나 대화를 통해 개인의 신체상태, 표정 등을 모니터링하고 클라우드 서비스와 연동하여 건강 관련 제안 서비스 제공

○ '로봇 부품'의 기술동향

- 센서 : 2D기반의 단순 센서에서 3D 정보를 토대로 특징(feature) 등 환경변화에 강인한 정보를 제공하거나 로봇에서 바로 활용가능한 정보(위치, 모양, 방향 등)로 변환하여 제공하는 센서로 진화하고 있음
- 구동기 : 로봇의 수요가 증가하면서 로봇을 위한 전용 구동 부품의 개발이 가속화되고 있음
- 제어기 : 스마트 공장 등 로봇뿐만 아니라 다수의 자동화 장비, 센서 및 IoT를 통하여 클라우드와 연동되어 공정·공장단위의 통합제어가 필요하며, 이를 위한 모션 네트워크 및 소프트웨어 기반 제어기 기술 수요가 증가

○ '로봇 소프트웨어 및 지능'의 기술동향

- 대표적인 로봇 소프트웨어 플랫폼인 ROS는 버전 2.0에서 실시간성을 개선하기 위하여 OMG와 OPRoS와 같은 소프트웨어 모듈의 life cycle을 도입하였음
- ROS-industry 커뮤니티에서는 ROS 1.0으로 개발된 기존 소프트웨어를 재활용하고 실시간성을 보장하는 기능을 추가하는 형태로 프로젝트를 수행함

〈표〉 국내 지역별 업체 분포현황

지역		제조용	전문서비스	개인서비스	로봇 부품	사업체수	구성비	총계
수도권	서울	90	73	56	285	504	23.0	1,526 (69.7)
	인천	67	-	8	32	107	4.9	
	경기	337	118	57	401	913	41.7	
	강원	-	1	1	-	2	0.1	
영남권	부산	32	12	-	21	64	2.9	425 (19.3)
	대구	57	32	14	58	161	7.3	
	울산	7	-	-	11	18	0.8	
	경북	21	5	4	29	59	2.7	
	경남	58	24	-	41	123	5.6	
충청권	대전	23	22	26	62	132	6.0	180 (8.2)
	충북	6	-	-	10	16	0.7	
	충남	15	8	-	9	32	1.5	
호남권	광주	1	6	4	41	52	2.4	61 (2.8)
	전북/전남	6	-	3	-	9	0.4	
총계		718	300	172	1,001	2,191	100.0	100.0

* 출처 : 한국로봇산업협회

로봇 산업

04 로봇 주요 Player 동향

<그림> 로봇 분야 주요 Player 동향

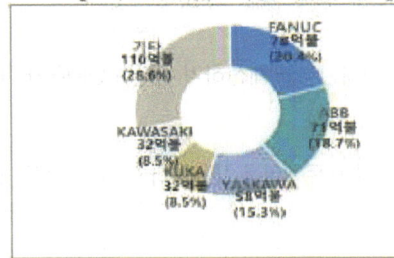
[제조 로봇 기업 점유율]

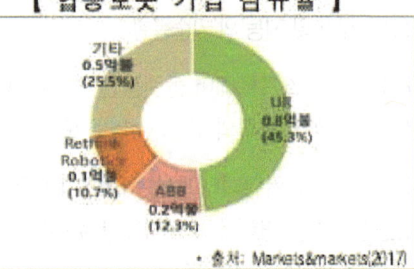
[협동로봇 기업 점유율]

· 출처: Markets&markets(2017)

* 출처 : '로봇산업 발전방안', 2019.03, 산업통상자원부

○ **(세계 동향)** 글로벌 기업들은 M&A 등을 통해 로봇시장 공략에 필요한 핵심역량들을 적극적으로 흡수하고 있음. 집중적으로 투자와 로봇 도입을 추진하고 있는 중점 분야로는 스마트홈, 물류로봇 등이고, 전통적으로 로봇시장을 견인해 오고 있는 산업용 로봇 분야, 특히 인간과 협업할 수 있는 협동로봇 분야에 대한 투자가 활발하게 이뤄지고 있음

- **(중국_메이디)** 2016년 글로벌 3위권 제조용로봇 기업인 독일의 KUKA를 단계적으로 인수 완료하여 최대주주로 등극하였음. 2017년 기준 약 4조 5,000억원의 매출을 올려 전년 대비 18% 상승하는 등 시너지를 극대화하고 있음. 이러한 실적을 바탕으로 중국 시장에 스마트 제조, 스마트 의료, 스마트 물류 분야에 메이디-KUKA 3개 합작사 설립을 발표함

- **(일본_소프트뱅크)** 2013년 프랑스의 휴머노이드 업체 '알데바란 로보틱스' 인수를 시작으로 2017년 구글이 인수하였던 미국의 '보스턴 다이나믹스'와 '샤프트'를 인수함. 알데바란 인수를 기점으로 설립된 소프트뱅크 로보틱스는 대표적인 소셜로봇 '페퍼'를 개발하여 시판 중임. 최근에는 그 간 상용화 제품을 내놓지 않았던 보스턴 다이나믹스가 애완견 로봇 '스폿미니(Spot mini)'를 연내에 100대 생산·판매하겠다고 밝혀 이목을 집중시킴

- **(미국_아마존)** 음성인식 인공지능 스피커 '알렉사'를 통한 스마트홈 서비스 제공 및 이를 탑재한 로봇 제품 개발 가능성을 시사하고 있음. 또한, 2017년 드론을 활용한 배송인 '프라임에어'를 통해 미국 내 첫 드론 배달을 성공시켰으며, 2020년까지 고층빌딩, 가로등, 물류창고 등에 드론 도킹스테이션을 설치하여 드론 배송체계를 완성하겠다고 밝히고 있음

○ **(국내 동향)** 한화테크윈, 두산로보틱스가 협동 로봇을 개발해 시판하고 있으며, 중소기업인 뉴로메카도 협동 로봇을 독자 개발, 시장 개척에 나섰음

- **(현대로보틱스)** 세계 6위권의 제조용 로봇 기업인 현대로보틱스가 네이버랩스가 개발·보유하고 있는 자율주행

서비스로봇 제작을 맡아 연말까지 상용화한다는 목표임. 또한, 제조용로봇 부문에서도 KUKA와 업무협약을 체결하고 전자분야용 소형 로봇에서부터 대형 로봇까지 다양한 산업용 로봇을 2021년까지 6,000여대를 판매한다는 계획을 발표하였음

- **(LG전자)** 지난 평창동계올림픽에서 자율주행이 가능한 안내로봇, 청소로봇 등을 선보였는데 이를 토대로 공항 등 대규모 수요를 조성한 서비스로봇 시장을 열어간다는 복안임. 이에 그치지 않고 2018년 국내 대표적인 산업용로봇 제조기업인 '로보스타'를 전격 인수하는 등 광폭 행보를 보이고 있음. 지능형 자율공장(스마트팩토리) 구축에 본격적으로 참여할 것으로 예상되며, 2019년까지 지분율을 33.4%까지 끌어올려 사실상 최대주주로서 계열사 편입이 완료될 예정임

〈표〉 국내 산업용 로봇 대표기업

기업	매출액 (종업원 수)	개발현황
현대로보틱스 (대구)	27조 2,556억 (336명)	・국내 시장 점유율 1위 기업으로 현대중공업 계열사 ・주요제품 : 자동차용 로봇, 수직다관절 로봇, 협동로봇
삼익THK (대구)	2,830억 (608명)	・자동화 정밀부품이 강점, LM시스템 국내 시장 52% 점유 ・주요제품 : LM 시스템, 메카트로 시스템, 리니어모터
고영테크놀러지 (서울)	2,382억 (408명)	・3D 전자부품 검사장비 세계 1위로 독보적인 기술 보유 ・주요제품 : 전자부품 검사장비, 수술로봇, 자동화 시스템
미래컴퍼니 (경기)	2,133억 (342명)	・헬스케어, 로보틱스 기술 중심으로 수술로봇산업 선도 ・주요제품 : 수술용 로봇, 산업용 장비, 센서
로보스타 (경기)	1,931억 (283명)	・모태는 LG산전으로, '18년 LG전자에서 경영권 인수 ・주요제품 : 반도체용 로봇, 정밀 스테이지, 시스템 장비
스맥 (경남)	1,337억 (227명)	・삼성중공업이 모태로, IoT 솔루션, 협동로봇 21종 생산 ・주요제품 : 머시닝 센터, CNC선반, 산업용 로봇

* 출처 : TDB

Ⅲ

로봇 산업 특허 분석

III

01 로봇 산업 특허 분석

1-1. 특허청별 연도별 출원 현황

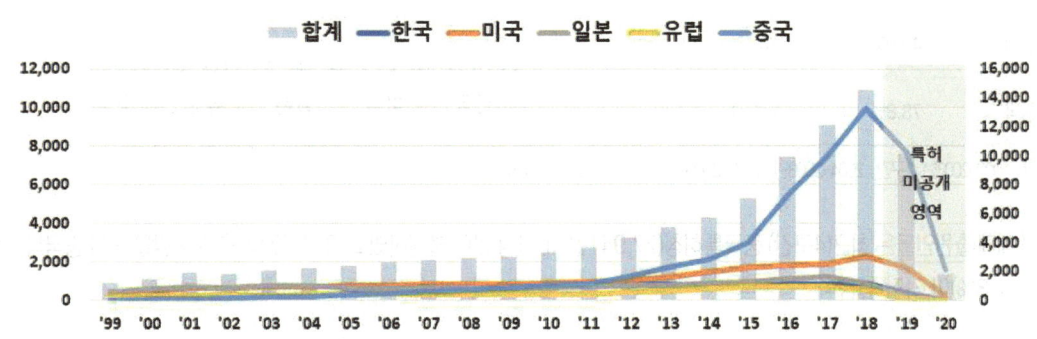

특허청	'99	'00	'01	'02	'03	'04	'05	'06	'07	'08	'09
한국	116	130	145	174	197	236	386	566	504	566	652
미국	359	464	676	645	692	716	779	800	809	853	810
일본	498	622	729	645	787	757	652	602	674	653	608
유럽	214	218	246	280	270	301	307	359	303	312	287
중국	36	57	92	101	163	205	295	344	456	548	661
합계	1,223	1,491	1,888	1,845	2,109	2,215	2,419	2,671	2,746	2,932	3,018

특허청	'10	'11	'12	'13	'14	'15	'16	'17	'18	'19	'20	합계
한국	701	786	860	821	692	723	895	831	886	419	23	11,309
미국	877	968	1,037	1,194	1,451	1,685	1,804	1,907	2,273	1,697	224	22,720
일본	649	718	778	781	883	965	1,112	1,219	888	209	21	15,450
유럽	318	331	440	482	567	721	713	696	538	152	6	8,061
중국	751	821	1,245	1,722	2,117	2,987	5,447	7,471	9,919	7,724	1,569	44,731
합계	3,296	3,624	4,360	5,000	5,710	7,081	9,971	12,124	14,504	10,201	1,843	102,271

* 특허는 통상 출원하고 1년 6개월 후에 공개되므로 2019년 이후에는 출원은 했으나 아직 공개되지 않은 특허가 일부 존재함

◯ 로봇 산업은 중국특허청이 44,731건(43.7%)으로 특허출원이 가장 활발한 것으로 분석되며, 한국특허청의 경우 특허 출원이 11,309건(11.1%)으로 4위로 분석됨

로봇 산업

1-2. 특허청별 구간별 출원 현황

특허청	최근 점유율 (4구간/전체구간)	3~4구간 증감율
한국	37.1%	5.4%
미국	43.8%	86.7%
일본	33.3%	43.4%
유럽	40.9%	74.1%
중국	78.8%	437.3%

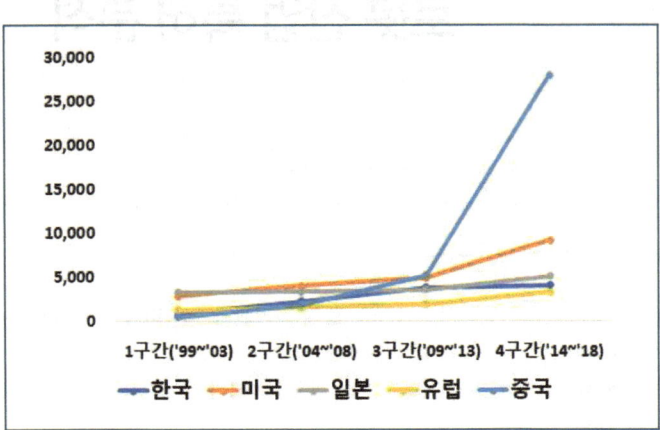

* 1구간 : 1999-2003년, 2구간 : 2004~2008년, 3구간 : 2009-2013, 4구간 : 2014~2018

○ 전 세계 출원인들은 최근(4구간) 중국특허청(27,941건)에 가장 많이 출원하였고, 3~4구간의 출원 증감율 또한 중국특허청(437.3%)이 가장 높음

1-3. 주요 출원인 국적별 출원 건수 및 해외 출원 현황

순위	출원인 국적	출원건수	해외 출원 패밀리 확보 건수	해외출원 비율*
1	중국	31,073	1,710	5.5%
2	일본	21,856	13,889	63.5%
3	미국	14,363	10,558	73.5%
4	한국	10,838	3,589	33.1%
5	독일	3,069	2,962	96.5%
6	프랑스	990	971	98.1%
7	스위스	894	843	94.3%
8	대만	864	623	72.1%
9	캐나다	576	485	84.2%
10	이탈리아	574	556	96.9%

* 전체 출원 건 중 패밀리 특허가 있는 것의 비율(원출원 외의 국가에 출원한 것)

○ 로봇 산업에서 중국 출원인(31,073건)이 가장 많은 출원건수를 확보하고 있으며, 해외 출원 비율은 프랑스 출원인(98.1%)이 가장 높은 것으로 분석됨

1-4. 출원인 국적별 피인용 지수

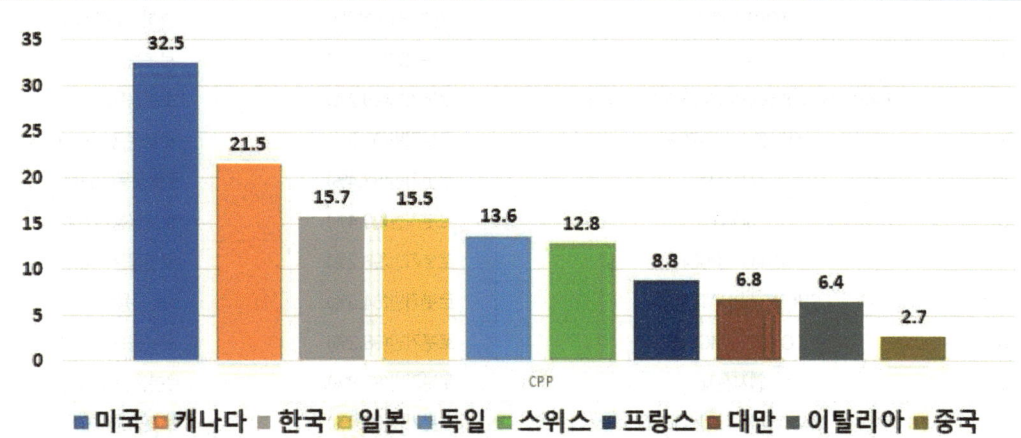

순위	출원인 국적	미국 등록건수	전체 피인용수	피인용 지수(CPP)
1	미국	6,230	202,610	32.5
2	캐나다	230	4,938	21.5
3	한국	611	9,612	15.7
4	일본	2,664	41,202	15.5
5	독일	607	8,273	13.6
6	스위스	199	2,551	12.8
7	프랑스	194	1,702	8.8
8	대만	245	1,659	6.8
9	이탈리아	107	689	6.4
10	중국	182	488	2.7

○ 로봇 산업에서 미국 출원인의 피인용 지수(1위, 32.5)가 가장 높은 것으로 분석되며, 그에 비해 한국(3위, 15.7)은 상대적으로 기술의 파급력 및 영향력인 낮은 수준으로 나타남

1-5. 주요 출원인의 특허 집중도

순위	TOP10 출원인	특허 집중분야1	특허 집중분야2
1	FANUC	로봇기반(95.5%)	로봇응용(4.5%)
2	KABUSHIKI KAISHA YASKAWA DENKI	로봇기반(99.2%)	로봇응용(0.8%)
3	HONDA MOTOR	로봇기반(98.5%)	로봇응용(1.5%)
4	삼성전자	로봇기반(83.4%)	로봇응용(16.6%)
5	SONY	로봇기반(90.4%)	로봇응용(9.6%)
6	SEIKO EPSON	로봇기반(98.2%)	로봇응용(1.8%)
7	SRI INTERNATIONAL	로봇기반(64.0%)	로봇응용(36.0%)
8	TOYOTA MOTOR	로봇기반(98.2%)	로봇응용(1.8%)
9	엘지전자	로봇기반(85.8%)	로봇응용(14.2%)
10	KAWASAKI JUKOGYO	로봇기반(95.0%)	로봇응용(5.0%)

○ 로봇 산업에서 주요 출원인의 특허 집중도는 로봇기반 분야가 가장 높고, 출원인 TOP1인 FANUC은 로봇기반 분야에 가장 많은 특허를 출원하였으며, 한국은 주요 출원인 TOP10에 2개의 출원인이 속해 있는 것으로 나타남

1-6. 출원인 국적별 주요시장 점유율

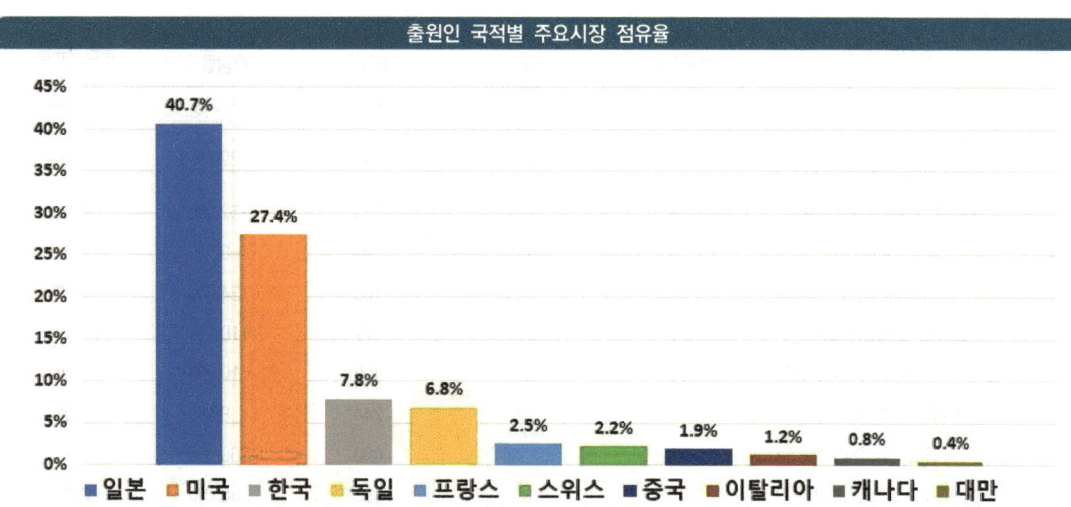

순위	출원인 국적	출원건수	주요시장 확보 건수	주요시장 점유율(%)*
1	일본	21,856	11,000	40.7%
2	미국	14,363	7,416	27.4%
3	한국	10,838	2,103	7.8%
4	독일	3,069	1,830	6.8%
5	프랑스	990	680	2.5%
6	스위스	894	589	2.2%
7	중국	31,073	525	1.9%
8	이탈리아	574	316	1.2%
9	캐나다	576	218	0.8%
10	대만	864	101	0.4%
	기타	5,130	2,275	8.4%
	전체	90,227	27,053	100.0%

* 주요 시장 점유율은 산업별 출원 상위 10개국에 대해 주요 국가(한국, 미국, 일본, 유럽, 중국) 중 3곳 이상에 출원한 특허를 추출하여, 각국의 점유율을 산출(산업별 각국의 주요 3국 이상 출원 특허 건수/산업별 전체 주요 3국 이상 출원 특허 건수×100%)

○ 출원인 국적별 주요시장 점유율을 살펴보면, 일본 출원인이 1위를 차지하여 주요 시장 확보를 위한 출원이 활발한 것으로 나타났으며, 한국은 미국에 이어 3위로 분석됨

1-7. TOP10 출원인의 출원 점유율

순위	출원인(국적)	전체 출원건수	3구간 출원	4구간 출원	3~4구간 증감률	출원점유율*
1	FANUC(일본)	1,541	149	928	522.8%	1.7%
2	KABUSHIKI KAISHA YASKAWA DENKI(일본)	1,425	635	447	-29.6%	1.6%
3	HONDA MOTOR(일본)	1,387	279	132	-52.7%	1.5%
4	삼성전자(한국)	1,365	433	396	-8.5%	1.5%
5	SONY(일본)	1,303	119	160	34.5%	1.4%
6	SEIKO EPSON(일본)	1,275	369	777	110.6%	1.4%
7	SRI INTERNATIONAL(미국)	1,051	369	408	10.6%	1.2%
8	TOYOTA MOTOR(일본)	931	224	244	8.9%	1.0%
9	엘지전자(한국)	751	98	460	369.4%	0.8%
10	KAWASAKI JUKOGYO(일본)	709	100	486	386.0%	0.8%
	TOP10 전체	11,738	2,775	4,438	59.9%	13.0%

※ 1구간: 1999~2003년, 2구간: 2004~2008년, 3구간: 2009~2013년, 4구간: 2014~2018년
* 출원점유율: 전체 출원인의 출원건수 대비 해당 출원인의 출원건수 비중

- 일본의 FANUC이 가장 많은 점유율로 1위를 차지하고 있으며, FANUC, SONY, SEIKO EPSON, SRI INTERNATIONAL, TOYOTA MOTOR, 엘지전자, KAWASAKI JUKOGYO를 제외한 주요 출원인의 최근 출원량은 이전 구간에 비해 감소하는 경향을 나타냄

1-8. TOP10 출원인의 특허청별 출원 현황

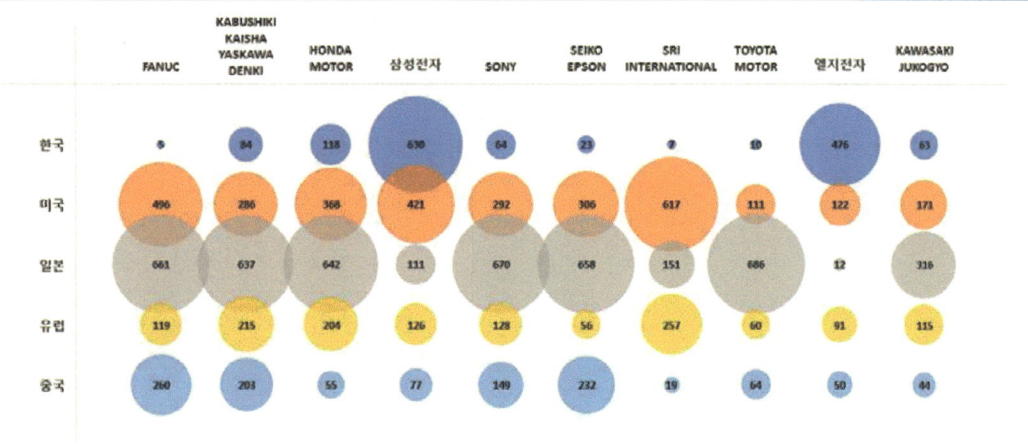

- FANUC의 경우 일본 특허청에 가장 많은 특허(661건)를 출원하였고, 그 다음으로 미국 특허청에 많은 특허(496건)를 출원함. 반면 한국 특허청에는 5건만 출원하여 타국에 비해 특허 출원이 활발하지 못한 것으로 나타남

- KABUSHIKI KAISHA YASKAWA DENKI의 경우 일본 특허청에 가장 많은 특허(637건)를 출원하였고, 그 다음으로 미국 특허청에 많은 특허(286건)를 출원함. 반면 한국 특허청에는 84건만 출원하여 타국에 비해 특허 출원이 활발하지 못한 것으로 나타남

- HONDA MOTOR의 경우 일본 특허청에 가장 많은 특허(642건)를 출원하였고, 그 다음으로 미국 특허청에 많은 특허(368건)를 출원함. 반면 중국 특허청에는 55건만 출원하여 타국에 비해 특허 출원이 활발하지 못한 것으로 나타남

- 삼성전자의 경우 한국 특허청에 가장 많은 특허(630건)를 출원하였고, 그 다음으로 미국 특허청에 많은 특허(421건)를 출원함. 반면 중국 특허청에는 77건만 출원하여 타국에 비해 특허 출원이 활발하지 못한 것으로 나타남

IV

로봇 산업 대분류별 특허 분석

01 로봇 산업 대분류 기술별 분석

1-1. 대분류별 특허청별 연도별 출원 현황

1-1-1. 로봇기반 특허청별 연도별 출원 현황

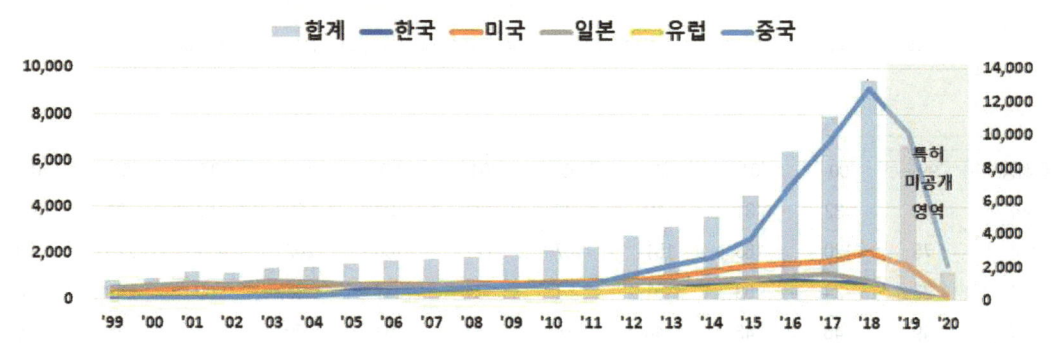

특허청	'99	'00	'01	'02	'03	'04	'05	'06	'07	'08	'09
한국	109	108	126	167	183	223	364	550	477	526	591
미국	299	363	548	520	561	586	636	647	659	689	667
일본	483	611	701	625	774	748	631	588	652	625	596
유럽	192	182	207	245	243	260	270	310	267	259	250
중국	27	44	72	85	134	169	256	298	408	485	587
합계	1,110	1,308	1,654	1,642	1,895	1,986	2,157	2,393	2,463	2,584	2,691

특허청	'10	'11	'12	'13	'14	'15	'16	'17	'18	'19	'20	합계
한국	662	732	801	750	623	647	825	746	771	387	21	10,389
미국	730	788	848	983	1,231	1,469	1,563	1,664	2,054	1,485	182	19,172
일본	621	682	745	746	840	928	1,051	1,147	815	169	15	14,793
유럽	287	291	381	421	502	657	644	627	498	139	6	7,138
중국	644	665	1,060	1,480	1,831	2,613	4,903	6,861	9,099	7,223	1,449	40,393
합계	2,944	3,158	3,835	4,380	5,027	6,314	8,986	11,045	13,237	9,403	1,673	91,885

* 특허는 통상 출원하고 1년 6개월 후에 공개되므로 2019년 이후에는 출원은 했으나 아직 공개되지 않은 특허가 일부 존재함

○ 로봇기반 기술은 중국특허청이 40,393건(44.0%)으로 특허출원이 가장 활발한 것으로 분석되며, 한국특허청의 경우 특허 출원이 10,389건(11.3%)으로 4위로 분석됨

로봇 산업

1-1-2. 로봇응용 특허청별 연도별 출원 현황

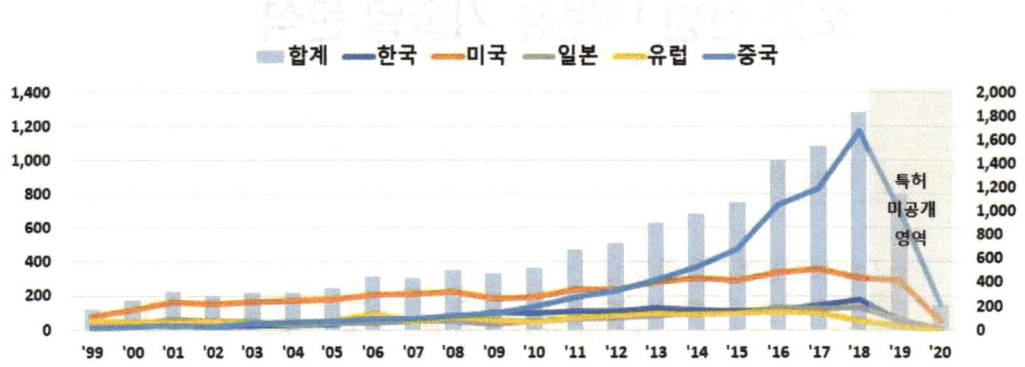

특허청	'99	'00	'01	'02	'03	'04	'05	'06	'07	'08	'09
한국	10	32	31	16	23	23	31	59	57	71	105
미국	75	120	163	151	167	171	180	202	211	223	183
일본	25	34	63	51	51	24	37	35	49	49	30
유럽	49	46	45	48	38	47	54	89	53	75	58
중국	10	20	26	19	39	46	53	63	66	87	101
합계	169	252	328	285	318	311	355	448	436	505	477

특허청	'10	'11	'12	'13	'14	'15	'16	'17	'18	'19	'20	합계
한국	99	113	108	133	118	114	119	141	175	60	4	1,642
미국	188	238	237	284	303	291	337	354	303	289	51	4,721
일본	53	63	71	87	98	96	132	124	129	56	7	1,364
유럽	47	68	84	101	94	99	106	95	51	19	0	1,366
중국	135	189	229	297	367	474	735	833	1,169	711	148	5,817
합계	522	671	729	902	980	1,074	1,429	1,547	1,827	1,135	210	14,910

* 특허는 통상 출원하고 1년 6개월 후에 공개되므로 2019년 이후에는 출원은 했으나 아직 공개되지 않은 특허가 일부 존재함

○ 로봇응용 기술은 중국특허청이 5,817건(39.0%)으로 특허출원이 가장 활발한 것으로 분석되며, 한국특허청의 경우 특허출원이 1,642건(11.0%)으로 3위로 분석됨

1-2. 대분류별 출원인 국적별 출원 점유율(TOP5)

대분류	중국	일본	미국	한국	독일	기타
로봇기반	34.5%	25.8%	14.6%	12.2%	3.5%	9.4%
로봇응용	32.2%	12.5%	27.9%	11.8%	2.6%	13.0%
산업	34.1%	23.9%	16.5%	12.1%	3.4%	9.9%

○ 출원인 국적별 출원 점유율을 살펴보면, 로봇기반 분야는 중국, 로봇응용 분야는 중국이 가장 높은 것으로 분석됨

1-3. 대분류별 피인용 지수(TOP5)

대분류	구분	중국	일본	미국	한국	독일
로봇기반	피인용지수	2.6	14.4	32.2	15.8	10.3
	100점화	8.2	44.7	100.0	49.0	32.0
로봇응용	피인용지수	2.9	26.8	47.6	15.6	32.6
	100점화	6.2	56.4	100.0	32.8	68.6

○ 특허의 질적 수준을 보여주는 피인용지수에서 한국을 살펴보면, 로봇기반 분야는 선도국(미국) 대비 49.0% 수준으로 가장 높고, 로봇응용 분야의 피인용지수가 선도국(미국) 대비 32.8%로 가장 낮은 것으로 분석됨

로봇 산업

1-4. 대분류별 시장확보 증가율(TOP5)

대분류	구분	중국	일본	미국	한국	독일
로봇기반	시장확보율	0.41	1.11	1.75	0.67	1.82
	과거 시장확보율(1~2구간)	0.31	0.81	1.64	0.55	1.52
	최근 시장확보율(3~4구간)	0.44	1.28	1.79	0.72	1.94
	시장확보 증가율	43.4%	57.3%	9.2%	31.0%	28.0%
로봇응용	시장확보율	0.34	1.13	1.64	0.64	1.55
	과거 시장확보율(1~2구간)	0.26	0.80	1.47	0.53	1.27
	최근 시장확보율(3~4구간)	0.37	1.32	1.70	0.69	1.68
	시장확보 증가율	43.5%	64.7%	15.4%	29.7%	32.1%

* 시장 확보율은 출원 특허 1건당의 평균 패밀리 국가수의(Family Size) 비율을 의미하며, 산출식은 아래와 같음

$$시장확보율 = \frac{(패밀리국가수의합/출원건수)}{(전체패밀리국가수의합/전체출원건수)}$$

○ 시장확보 증가율에서 한국을 살펴보면, 로봇기반에서 한국의 시장확보 증가율이 31.0%로 나타나고, 반면 로봇응용에서 한국의 시장확보 증가율이 29.7%로 나타남

1-5. 대분류별 주요 출원인 및 특허 집중도(TOP5)

1-5-1. 로봇기반

NO.	출원인	국적	건수	특허 집중분야1	특허 집중분야2	특허 집중분야3
1	FANUC	일본	1,516	매니플레이터 제어 및 부속 장치	매니플레이터 구조	매니플레이터 활용
2	KABUSHIKI KAISHA YASKAWA DENKI	일본	1,421	매니플레이터 제어 및 부속 장치	매니플레이터 활용	매니플레이터 구조
3	HONDA MOTOR	일본	1,377	매니플레이터 활용	매니플레이터 제어 및 부속 장치	매니플레이터 구조
4	SONY	일본	1,274	매니플레이터 활용	매니플레이터 제어 및 부속 장치	비디오 기반
5	SEIKO EPSON	일본	1,262	매니플레이터 제어 및 부속 장치	매니플레이터 활용	매니플레이터 구조
6	삼성전자	한국	1,189	매니플레이터 활용	매니플레이터 제어 및 부속 장치	매니플레이터 구조
7	TOYOTA MOTOR	일본	925	매니플레이터 활용	매니플레이터 제어 및 부속 장치	매니플레이터 구조
8	SRI INTERNATIONAL	미국	899	매니플레이터 구조	매니플레이터 활용	매니플레이터 제어 및 부속 장치
9	KAWASAKI JUKOGYO	일본	691	매니플레이터 제어 및 부속 장치	매니플레이터 구조	매니플레이터 활용
10	엘지전자	한국	680	매니플레이터 활용	매니플레이터 제어 및 부속 장치	모션 관련 센싱 모듈

○ 로봇기반 기술의 출원건수 기준 상위 출원인을 살펴보면, FANUC이 1,516건으로 가장 많은 특허를 출원하고 있으며, 매니플레이터 제어 및 부속 장치, 매니플레이터 구조, 매니플레이터 활용 순으로 연구활동이 활발한 것으로 분석됨

○ 로봇기반 기술은 FANUC 다음으로 KABUSHIKI KAISHA YASKAWA DENKI(1,421건), HONDA MOTOR(1,377건), SONY(1,274건), SEIKO EPSON(1,262건)의 순서대로 많은 출원을 한 것으로 나타남

○ 로봇기반 기술의 출원인 TOP10 중 한국 국적의 출원인은 2개 포함되어 있는 것으로 나타남

1-5-2. 로봇응용

NO.	출원인	국적	건수	특허 집중분야1	특허 집중분야2	특허 집중분야3
1	SRI INTERNATIONAL	미국	506	전문서비스	개인서비스	-
2	INTUITIVE SURGICAL	미국	400	전문서비스	개인서비스	-
3	OLYMPUS	일본	306	전문서비스	개인서비스	-
4	삼성전자	한국	237	개인서비스	전문서비스	-
5	SONY	일본	135	개인서비스	전문서비스	-
6	엘지전자	한국	113	개인서비스	전문서비스	-
7	PHILIPS	네덜란드	100	전문서비스	개인서비스	-
8	COVIDIEN LP	미국	90	전문서비스	-	-
9	HANSEN MEDICAL	미국	86	전문서비스	-	-
10	SONY CORP	일본	84	개인서비스	전문서비스	-

○ 로봇응용 기술의 출원건수 기준 상위 출원인을 살펴보면, SRI INTERNATIONAL이 506건으로 가장 많은 특허를 출원하고 있으며, 전문서비스, 개인서비스 순으로 연구활동이 활발한 것으로 분석됨

○ 로봇응용 기술은 SRI INTERNATIONAL 다음으로 INTUITIVE SURGICAL(400건), OLYMPUS(306건), 삼성전자(237건), SONY(135건)의 순서대로 많은 출원을 한 것으로 나타남

○ 로봇응용 기술의 출원인 TOP10 중 한국 국적의 출원인은 2개 포함되어 있는 것으로 나타남

V

로봇 산업 부상기술

… V. 로봇 산업 부상기술

01 로봇 산업 부상기술 분석

1-1. 분석지표

분석지표		내용
활동력	특허점유율	• 전체구간 평균점유율, 4구간 평균점유율 • 기술별 최근구간 평균점유율비를 분석하여 최근 기술개발이 활발한 핵심 기술 파악
	특허증가율	• 3, 4구간 특허증가율 • 출원특허를 대상으로 하며, 최근 구간의 특허 증가율을 분석하여 최근 활동이 활발한 핵심기술 파악
	시장확보력	• 전체구간 PFS, 4구간 PFS • 출원특허 대상으로, 출원특허의 패밀리 국가수 합계 • 패밀리국가수를 분석하여 최근 해외 시장 확보가 활발히 진행되는 핵심 기술 파악
기술력	특허인용율	• 전체구간 피인용지수 • 미국특허청의 등록특허가 대상 • 기술별 피인용수를 분석하여, 주요 핵심기술 여부 판단
	주요국 특허확보율	• 전체구간 IP3 지수 • IP5(한국, 미국, 일본, 유럽, 중국) 특허청 중 3곳 이상에 동시 출원된 특허 비율
	특허청구항수	• 전체구간 평균 특허청구항 수 • 등록특허 대상으로, 등록특허의 청구항 수 합계

○ 활동력과 기술력 지수를 분석하여, 최종 부상기술을 도출함. 활동력 지수는 특허점유율, 특허증가율, 시장확보력 지수이며, 기술력 지수는 특허인용율, 주요국 특허확보율, 등록특허의 평균 청구항 수를 세부 지표로 활용함

로봇 산업

1-2. 기술별 IP 활동력 분석 결과

기술	점유율			증가율			시장확보력			종합 등급
	전체	4구간	점유율비	3구간	4구간	증가율	전체	4구간	점유율비	
구동모듈	0.5%	0.5%	98.3%	160	296	85.0%	3.07	2.27	73.9%	3
모션 관련 센싱 모듈	4.4%	5.0%	112.5%	1,069	3,155	195.1%	2.54	2.11	83.1%	5
오감 관련 센싱 모듈	2.3%	2.8%	122.7%	434	1,801	315.0%	1.70	1.48	86.6%	7
환경 및 위치 인식	0.9%	1.3%	134.4%	168	808	381.0%	1.54	1.30	84.1%	7
경로 계획	1.4%	1.8%	129.1%	288	1,126	291.0%	2.04	1.81	88.8%	7
환경 모델링	4.1%	4.9%	121.3%	859	3,129	264.3%	2.22	1.91	86.0%	6
이동 매커니즘	0.9%	0.7%	70.6%	239	415	73.6%	2.60	2.19	84.1%	3
안전	1.9%	1.9%	97.9%	474	1,198	152.7%	2.24	1.91	85.4%	5
협동	3.6%	3.3%	91.7%	943	2,100	122.7%	2.79	2.33	83.5%	4
환경	0.3%	0.4%	111.0%	85	244	187.1%	2.74	2.44	89.0%	6
계획 및 제어	0.2%	0.2%	84.3%	65	109	67.7%	2.02	1.85	91.7%	4
시뮬레이션	0.5%	0.5%	107.7%	121	338	179.3%	2.13	1.70	80.0%	5
매니플레이터 활용	23.9%	24.3%	101.3%	5,302	15,357	189.6%	2.81	2.50	88.9%	5
매니플레이터 제어 및 부속 장치	18.5%	17.0%	91.7%	4,738	10,746	126.8%	2.64	2.44	92.4%	5
매니플레이터 구조	16.9%	15.9%	94.3%	4,860	10,090	107.6%	3.51	2.99	85.2%	4
오디오 기반	1.8%	2.2%	125.1%	204	1,386	579.4%	1.76	1.52	86.1%	7
비디오 기반	6.0%	6.5%	108.3%	1,260	4,115	226.6%	2.36	1.82	77.4%	5
개인서비스	7.9%	7.1%	90.2%	2,070	4,482	116.5%	2.50	1.83	72.9%	3
전문서비스	3.9%	3.8%	97.7%	1,236	2,395	93.8%	5.05	4.35	86.2%	4

1-3. 기술별 IP 기술력 분석 결과

기술	특허 인용율	주요국 특허확보율	특허청구항수	종합 등급
구동모듈	6.3	39.5%	9.5	4
모션 관련 센싱 모듈	25.0	25.5%	11.0	5
오감 관련 센싱 모듈	19.9	13.9%	7.3	3
환경 및 위치 인식	19.7	8.3%	8.1	3
경로 계획	22.4	17.5%	8.9	4
환경 모델링	21.5	22.4%	11.2	5
이동 매커니즘	28.2	25.2%	9.7	5
안전	27.3	19.4%	10.2	5
협동	32.8	30.0%	12.7	6
환경	28.6	31.0%	13.2	6
계획 및 제어	24.9	21.1%	10.8	5
시뮬레이션	25.6	14.4%	9.0	4
매니플레이터 활용	20.1	31.8%	10.4	5
매니플레이터 제어 및 부속 장치	16.6	32.1%	9.5	4
매니플레이터 구조	24.6	39.5%	11.5	6
오디오 기반	35.7	10.6%	12.4	5
비디오 기반	28.3	19.0%	14.7	6
개인서비스	23.1	21.6%	12.1	5
전문서비스	62.1	59.2%	15.4	9

로봇 산업

02 로봇 산업 부상기술 도출

2-1. MATRIX 분석을 통한 부상기술 도출 방법

◉ 특허분석 지표값에 대한 매트릭스 분석을 통해 부상기술 도출을 위한 영역 구분을 나타냄. 기술간 활동력과 기술력은 각각 3개의 지표로 구성되어 있으며, 활동력과 기술력의 각각 3개의 지표를 산출한 후 점수(100점 만점)화함

◉ 활동력과 기술력의 점수화된 각각 3개의 지표값의 평균값을 구한 후 스태나인 척도를 기준으로 1~9등급까지 등급을 부여함

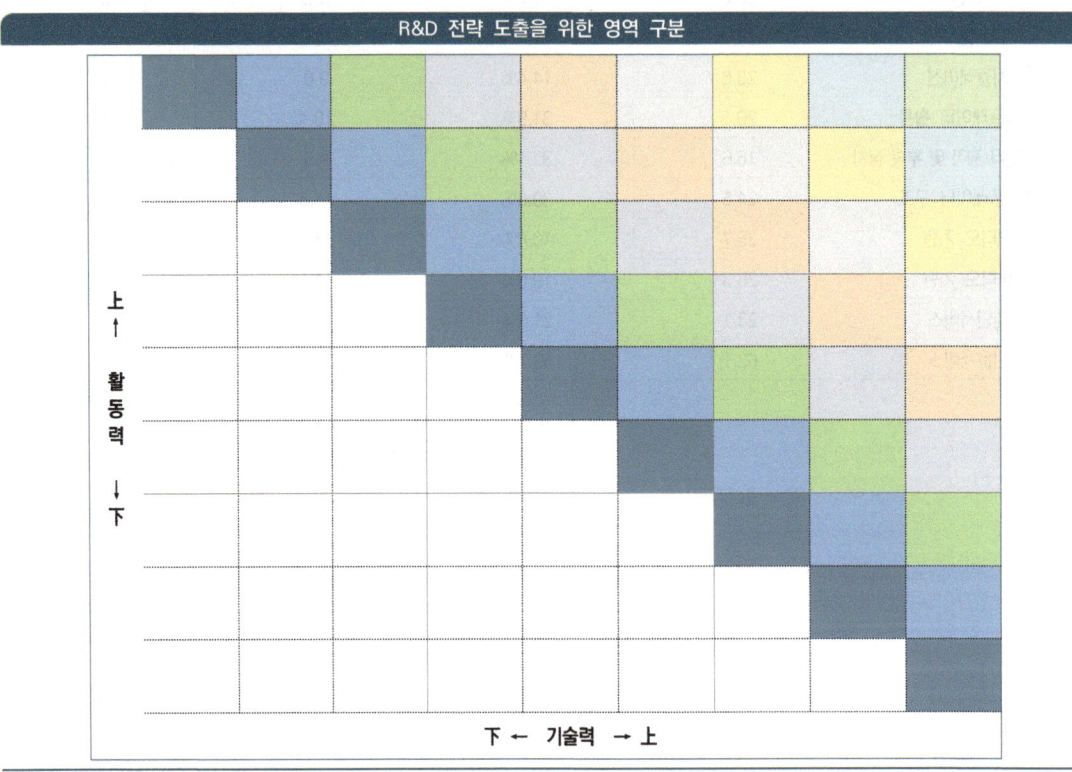

R&D 전략 도출을 위한 영역 구분

◉ 해당 산업의 모든 소분류 기술에 활동력과 기술력 등급이 부여되면 각 등급에 따라 매트릭스 상에 소분류 기술을 배치하고, 매트릭스의 우상향부터 부상기술을 도출함

2-2. 부상기술 분석 결과

○ 세부기술의 특허 분석 결과를 부상 기술 영역에 나타낸 것. 표에서 보는 바와 같이 총 19개의 세부 기술을 분석 한 결과, 1순위 추천 기술로는 **전문서비스, 오디오 기반, 환경, 경로 계획, 환경모델링, 비디오 기반, 오감 관련 센싱 모듈, 환경 및 위치 인식, 모션 관련 센싱 모듈, 매니플레이터 활용**이 선정됨

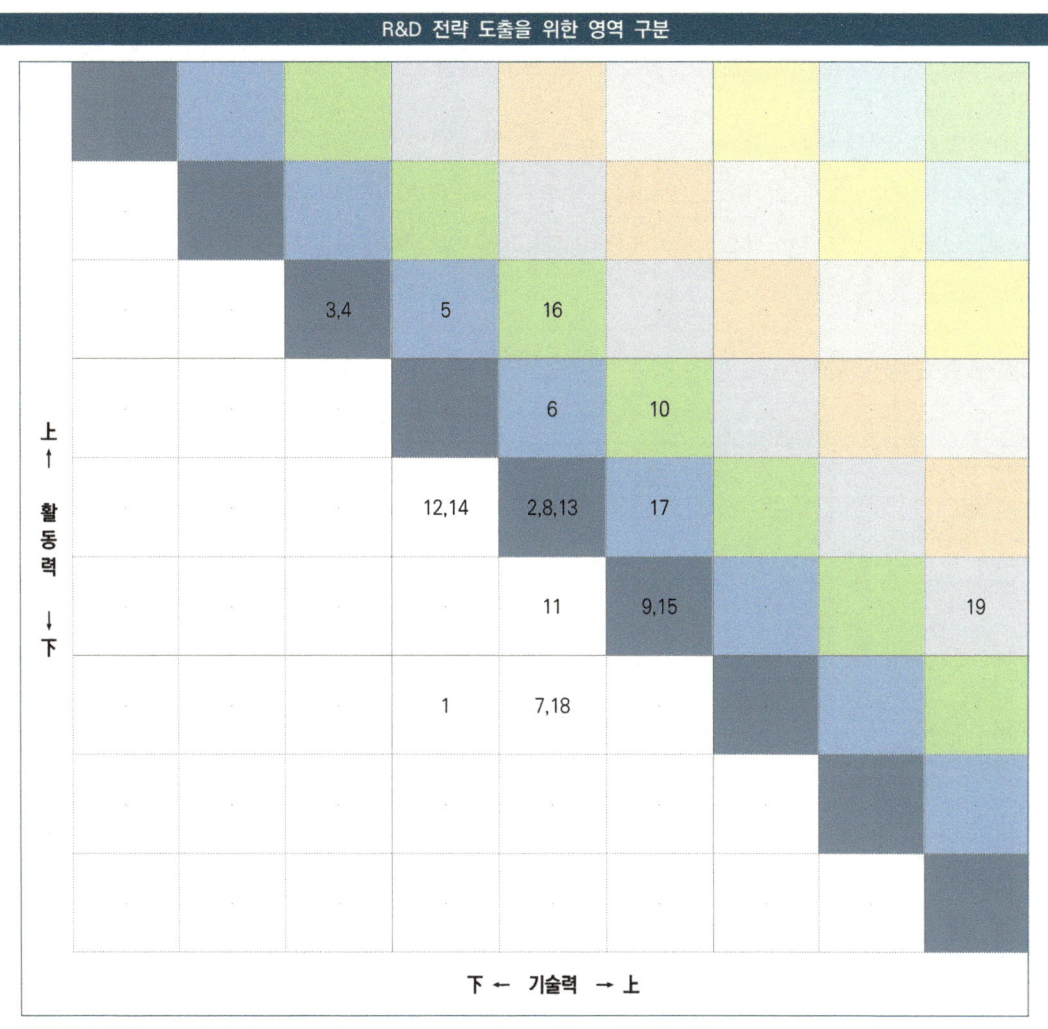

1) 구동모듈, 2) 모션 관련 센싱 모듈, 3) 오감 관련 센싱 모듈, 4) 환경 및 위치 인식, 5) 경로 계획, 6) 환경 모델링, 7) 이동 매커니즘, 8) 안전, 9) 협동, 10) 환경, 11) 계획 및 제어, 12) 시뮬레이션, 13) 매니플레이터 활용, 14) 매니플레이터 제어 및 부속 장치, 15) 매니플레이터 구조, 16) 오디오 기반, 17) 비디오 기반, 18) 개인서비스, 19) 전문서비스

VI

로봇 산업 부상기술 지표 분석

01 전문서비스

대분류	로봇응용	중분류	서비스 로봇	소분류	전문서비스
기술개요	■ 기술정의 및 범위 [정의] 의료, 국방 등 전문가를 보조하며, 서비스를 제공하는 로봇으로서 불특정 다수를 위한 서비스 제공 및 전문화된 작업을 수행하는 로봇 [핵심기술] 공공안전 및 재난예방, 검사 및 유지 보수, 물류 활용, 스포츠기술지원, 농업/축산, 의료 및 재활, 수중/해양, 웨어러블, 건설, 교통				
IP 트렌드	(아래 내용 참조)				

주요특허청별 출원동향

글로벌 주요출원인 분석

순위	출원인(국적)	전체 출원건수	3구간 출원건수	4구간 출원건수	3구간 대비 4구간 증감률	전체 출원 점유율
1	SRI INTERNATIONAL(미국)	501	169	167	-1.2%	11.2%
2	INTUITIVE SURGICAL(미국)	399	154	142	-7.8%	8.9%
3	OLYMPUS(일본)	293	83	204	145.8%	6.5%
4	COVIDIEN LP(미국)	90	4	85	2,025.0%	2.0%
5	HANSEN MEDICAL(미국)	86	30	7	-76.7%	1.9%

한국특허청의 주요출원인 분석

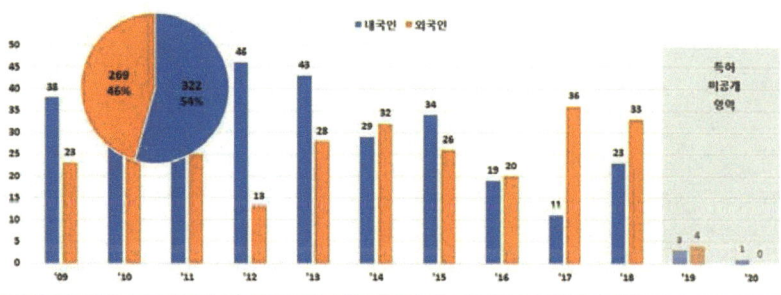

로봇 산업 | 049

로봇 산업

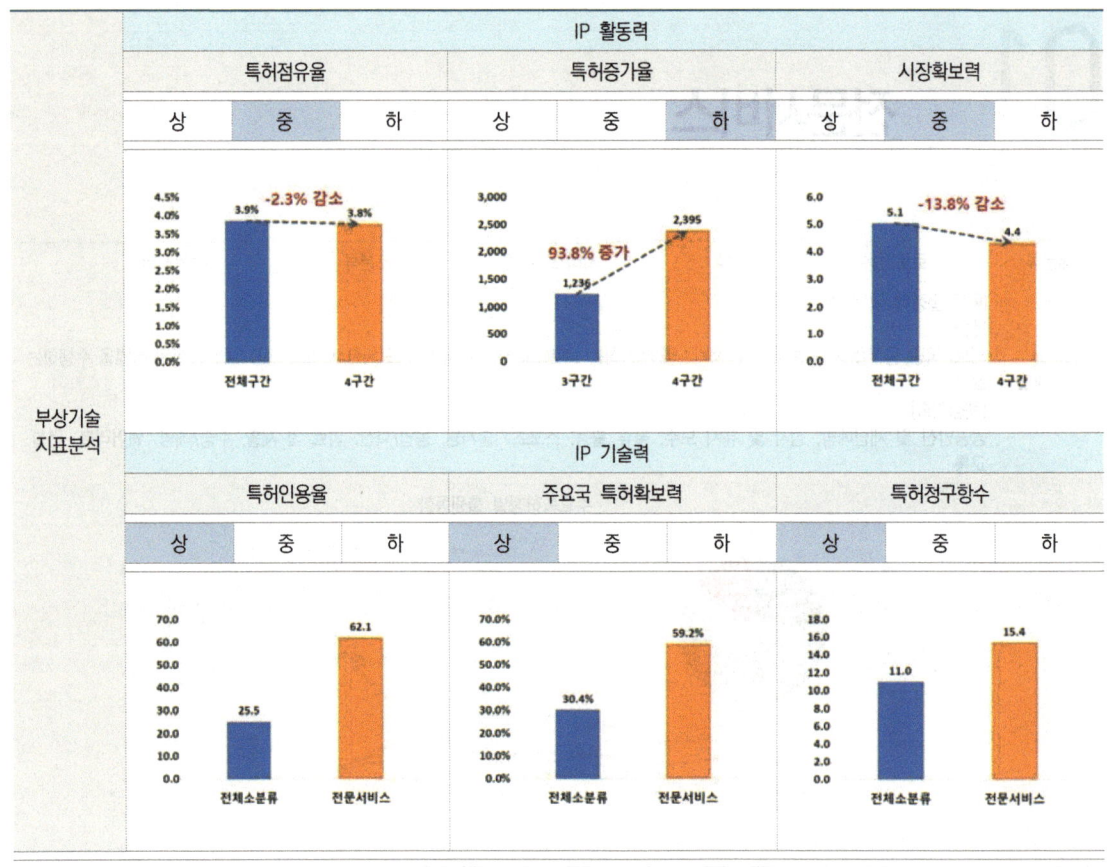

부상기술 지표분석	
종합의견	주요출원인 중 SRI INTERNATIONAL은 가장 많은 특허를 보유하고 있어, 전문서비스 기술에 대한 기술 경쟁력이 가장 높은 것으로 나타남 한국 특허청의 내국인 출원 비중이 높은 것으로 보아, 자국 중심 연구·개발 특성이 강하며, 타국 출원인이 한국 시장 진입에 소극적인 것으로 판단됨

02 오디오 기반

대분류	로봇기반	중분류	인간로봇 상호작용	소분류	오디오 기반

기술개요

■ 기술정의 및 범위
[정의]
오디오 기반의 음성 인식을 통한 의도 및 상황 판단, 음원 추적 등의 기술
[핵심기술]
대화 인식 기술, 음원추적 및 음향 분류 기술

IP 트렌드

주요특허청별 출원동향

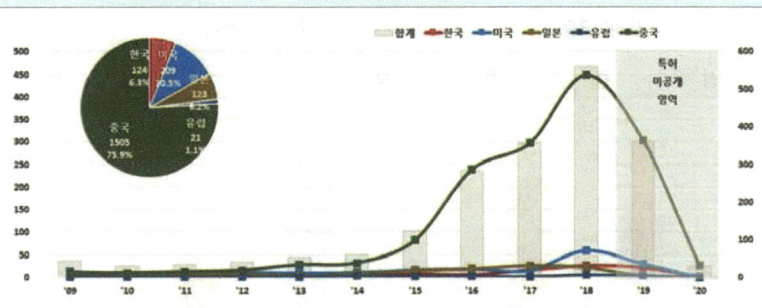

글로벌 주요출원인 분석

순위	출원인(국적)	전체 출원건수	3구간 출원건수	4구간 출원건수	3구간 대비 4구간 증감률	전체 출원 점유율
1	SONY(일본)	76	3	3	0.0%	3.7%
2	BEIJING GUANGNIAN WUXIAN SCIENCE & TECHNOLOGY(중국)	51	0	51	5,100.0%	2.5%
3	엘지전자(한국)	22	4	7	75.0%	1.1%
4	삼성전자(한국)	19	6	1	-83.3%	0.9%
5	ADVANCED TELECOMMUNICATION RESEARCH INSTITUTE INTERNATIONAL(일본)	17	5	4	-20.0%	0.8%

한국특허청의 주요출원인 분석

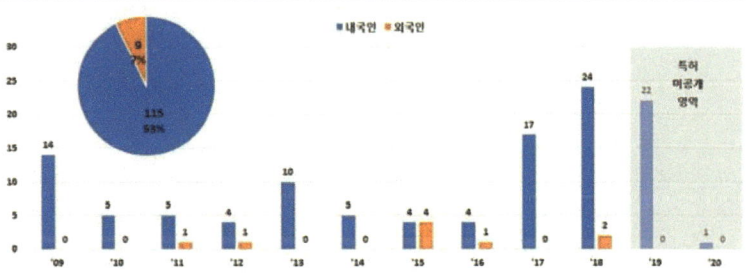

로봇 산업

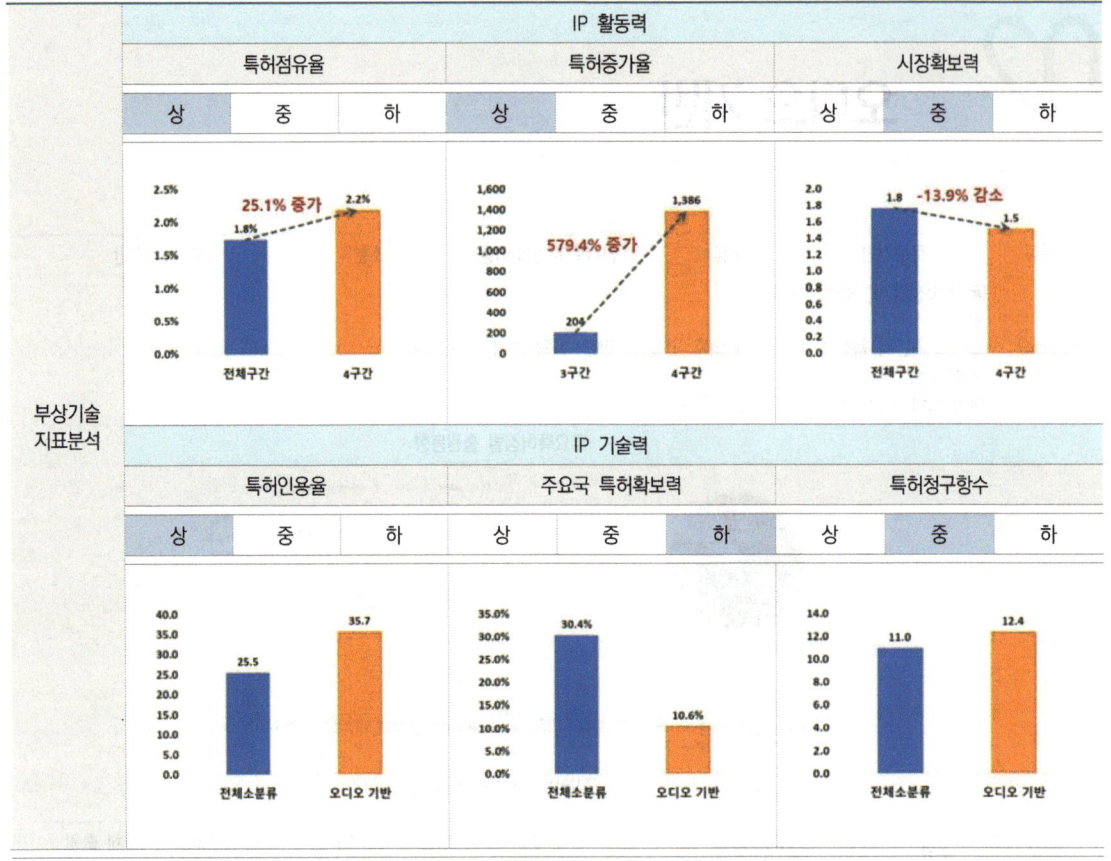

부상기술 지표분석	IP 활동력		
	특허점유율 (상)	특허증가율 (상)	시장확보력 (중)
	25.1% 증가 (전체구간 1.8% → 4구간 2.2%)	579.4% 증가 (3구간 204 → 4구간 1,386)	-13.9% 감소 (전체구간 1.8 → 4구간 1.5)
	IP 기술력		
	특허인용율 (중)	주요국 특허확보력 (하)	특허청구항수 (중)
	전체소분류 25.5 / 오디오 기반 35.7	전체소분류 30.4% / 오디오 기반 10.6%	전체소분류 11.0 / 오디오 기반 12.4

종합의견	주요출원인 중 SONY는 가장 많은 특허를 보유하고 있어, 오디오 기반 기술에 대한 기술 경쟁력이 가장 높은 것으로 나타남 한국 특허청의 내국인 출원 비중이 높은 것으로 보아, 자국 중심 연구·개발 특성이 강하며, 타국 출원인이 한국 시장 진입에 소극적인 것으로 판단됨

03 환경

대분류	로봇기반	중분류	작업	소분류	환경

기술개요	■ 기술정의 및 범위 [정의] 각종 센서 정보로부터 작업 환경의 형상 및 강성 정보를 추정(estimation)하는 기술, 각종 센서를 이용하여 작업을 위한 환경 모델링 기술 포함 [핵심기술] 환경변수(형상, 강성)추정기술, 작업을 위한 2D/3D 환경모델링기술

IP 트렌드

주요특허청별 출원동향

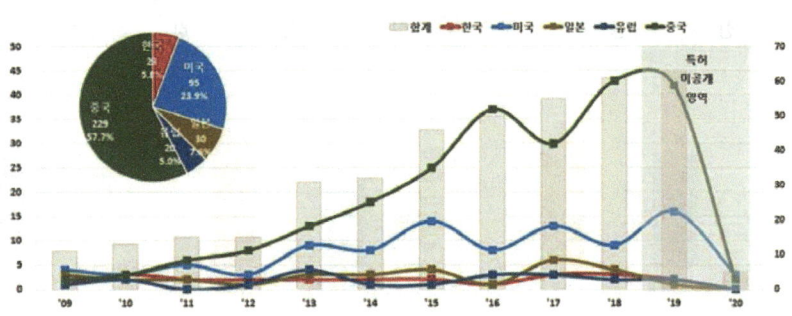

글로벌 주요출원인 분석

순위	출원인(국적)	전체 출원건수	3구간 출원건수	4구간 출원건수	3구간 대비 4구간 증감률	전체 출원 점유율
1	GLOBUS MEDICAL(미국)	11	0	11	1,100.0%	2.7%
2	TOYOTA MOTOR(일본)	9	4	4	0.0%	2.2%
3	X DEVELOPMENT(미국)	9	0	9	900.0%	2.2%
4	삼성전자(한국)	8	2	0	-100.0%	2.0%
5	FANUC(일본)	8	0	5	500.0%	2.0%

한국특허청의 주요출원인 분석

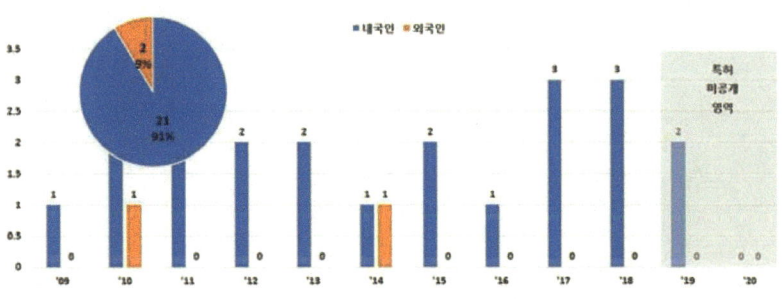

로봇 산업

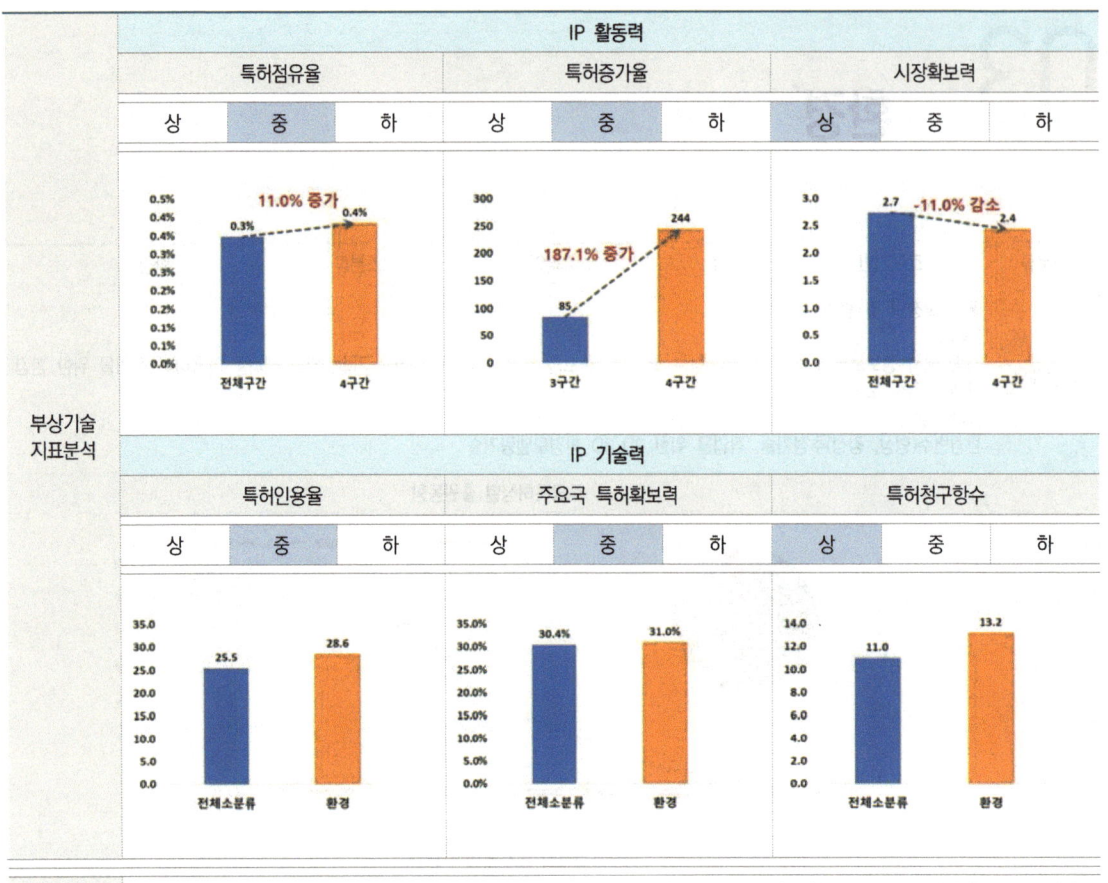

종합의견	주요출원인 중 GLOBUS MEDICAL은 가장 많은 특허를 보유하고 있어, 환경 기술에 대한 기술 경쟁력이 가장 높은 것으로 나타남 한국 특허청의 내국인 출원 비중이 높은 것으로 보아, 자국 중심 연구·개발 특성이 강하며, 타국 출원인이 한국 시장 진입에 소극적인 것으로 판단됨

04 경로 계획

대분류	로봇기반	중분류	이동	소분류	경로 계획

기술개요

■ 기술정의 및 범위
[정의]
최단거리, 최소회전, 안전주행 등 다양한 이동조건에 따른 2차원 또는 3차원 환경에서의 경로계획으로서, 주로 실내 및 2차원 근사화가 가능한 도로환경, 장애물 감지 및 회피를 위한 경로계획 포함
[핵심기술]
2차원 또는 3차원 환경 로봇주행 경로 계획

IP 트렌드

주요특허청별 출원동향

글로벌 주요출원인 분석

순위	출원인(국적)	전체 출원건수	3구간 출원건수	4구간 출원건수	3구간 대비 4구간 증감률	전체 출원 점유율
1	삼성전자(한국)	36	25	6	-76.0%	2.3%
2	FANUC(일본)	27	1	22	2,100.0%	1.7%
3	GUANGXI UNIVERSITY(중국)	24	11	13	18.2%	1.5%
4	TSINGHUA UNIVERSITY(중국)	17	2	14	600.0%	1.1%
5	NORTHWESTERN POLYTECHNICAL UNIVERSITY(중국)	14	0	14	1,400.0%	0.9%

한국특허청의 주요출원인 분석

로봇 산업

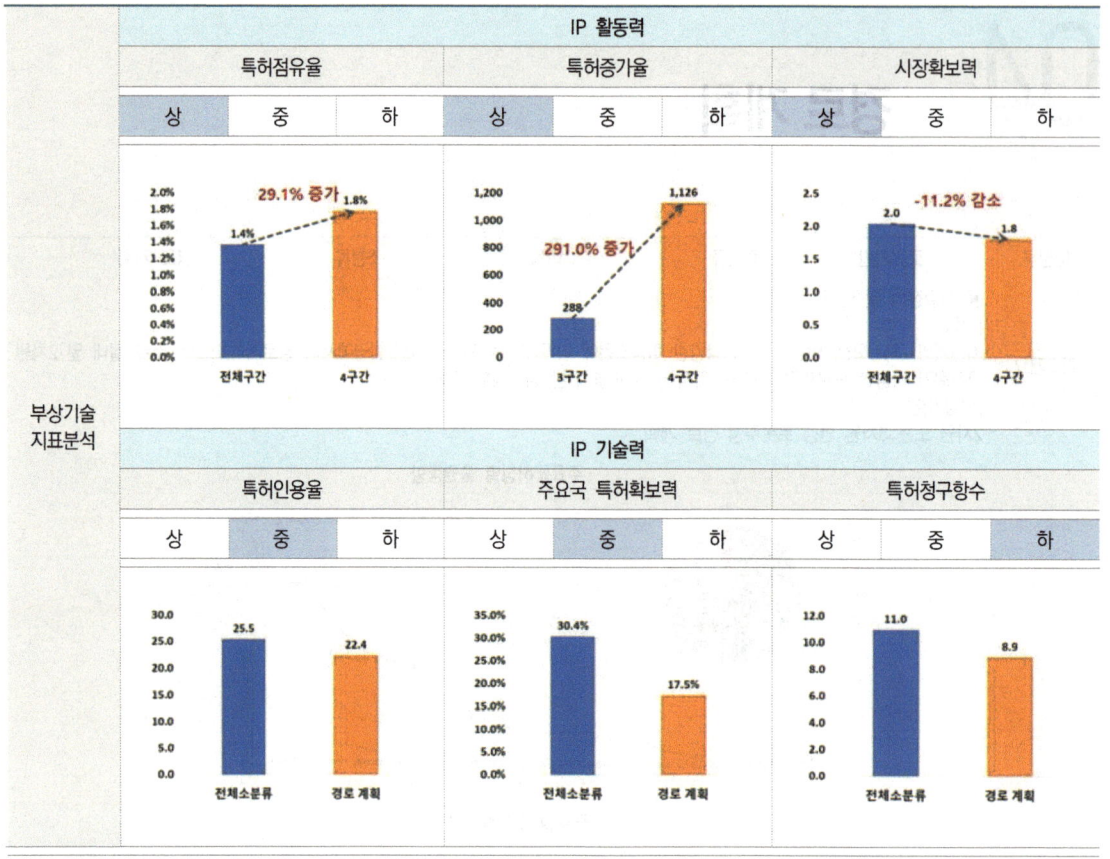

부상기술 지표분석	IP 활동력

종합의견	주요출원인 중 삼성전자는 가장 많은 특허를 보유하고 있어, 경로 계획 기술에 대한 기술 경쟁력이 가장 높은 것으로 나타남 한국 특허청의 내국인 출원 비중이 높은 것으로 보아, 자국 중심 연구·개발 특성이 강하며, 타국 출원인이 한국 시장 진입에 소극적인 것으로 판단됨

05. 환경모델링

대분류	로봇기반	중분류	이동	소분류	환경 모델링

기술개요

■ 기술정의 및 범위
[정의]
로봇이 이동하는 환경의 데이터를 활용하여 주변 공간을 2차원 또는 3차원으로 모델링하는 기술
[핵심기술]
2D 또는 3D 환경 모델링 기술

IP 트렌드

주요특허청별 출원동향

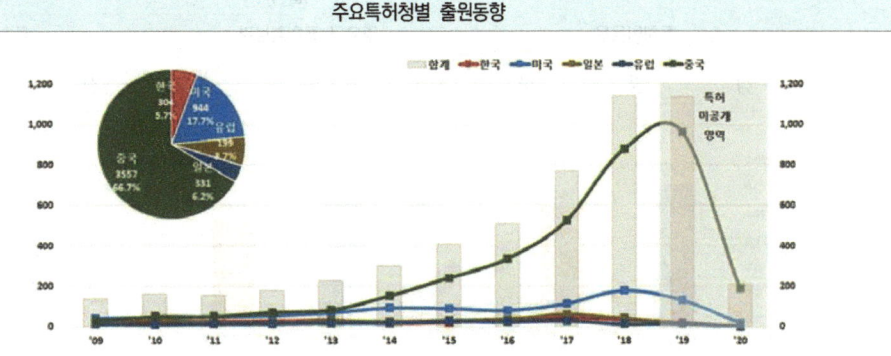

글로벌 주요출원인 분석

순위	출원인(국적)	전체 출원건수	3구간 출원건수	4구간 출원건수	3구간 대비 4구간 증감률	전체 출원 점유율
1	FANUC(일본)	152	7	73	942.9%	3.2%
2	삼성전자(한국)	79	25	29	16.0%	1.7%
3	TOYOTA MOTOR(일본)	58	17	24	41.2%	1.2%
4	IROBOT(미국)	46	6	34	466.7%	1.0%
5	X DEVELOPMENT(미국)	42	0	42	4,200.0%	0.9%

한국특허청의 주요출원인 분석

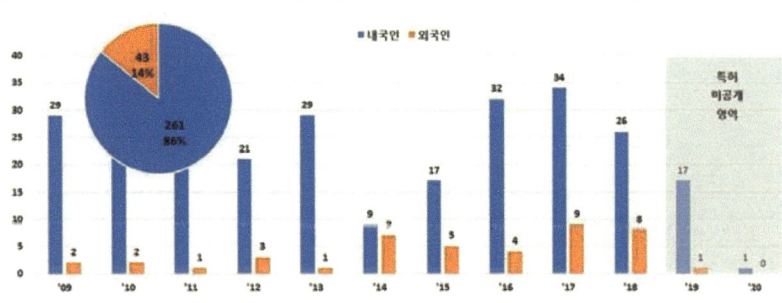

로봇 산업

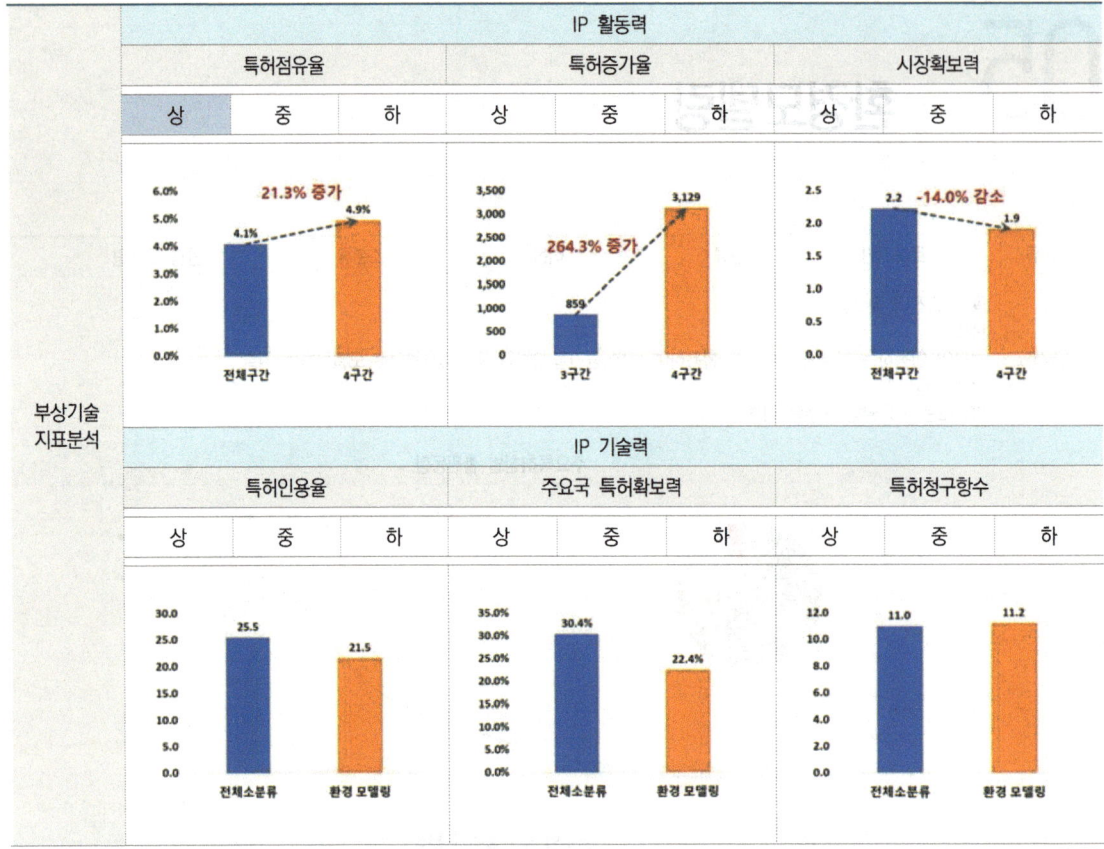

부상기술 지표분석	IP 활동력		
	특허점유율: 상 (4.1% → 4.9%, 21.3% 증가)	특허증가율: 상 (859 → 3,129, 264.3% 증가)	시장확보력: 상 (2.2 → 1.9, -14.0% 감소)
	IP 기술력		
	특허인용율: 중 (전체소분류 25.5, 환경 모델링 21.5)	주요국 특허확보력: 상 (전체소분류 30.4%, 환경 모델링 22.4%)	특허청구항수: 중 (전체소분류 11.0, 환경 모델링 11.2)
종합의견	주요출원인 중 FANUC은 가장 많은 특허를 보유하고 있어, 환경 모델링 기술에 대한 기술 경쟁력이 가장 높은 것으로 나타남 한국 특허청의 내국인 출원 비중이 높은 것으로 보아, 자국 중심 연구·개발 특성이 강하며, 타국 출원인이 한국 시장 진입에 소극적인 것으로 판단됨		

06 비디오 기반

대분류	로봇기반	중분류	인간로봇 상호작용	소분류	비디오 기반

기술개요	■ 기술정의 및 범위 [정의] 비디오 기반의 데이터를 근거로 하여 사용자 관련 표정, 신원, 감정 등을 인식, 시공간 및 주변환경 파악, 사용자 의도 및 상황 판단 기술 등을 포함 [핵심기술] 센서 융합 물체, 검출, 인식, 추종 기술, 표정 인식기술, 생체, 운동신호 감지 및 인식 기술, 사용자 신원 및 고유특성 인식 기술, 사용자 검출, 추적 및 추종 기술, 사용자 감정, 정서 및 상태 인식 기술, 사용자 제스처, 몸동작, 행동 인식 기술, 자연영상 문자/기호 추출 및 인식, 지식 학습 및 확장 기술, 시공간 및 주변환경 정보 파악 기술, 사용자 의도 및 상황 판단 기술, 대용량 분산 추론 기술, 제스처 이외 표현, 멀티모달 감성 교감 및 표현 기술, 의미기반 동적 제스처 표현

주요특허청별 출원동향

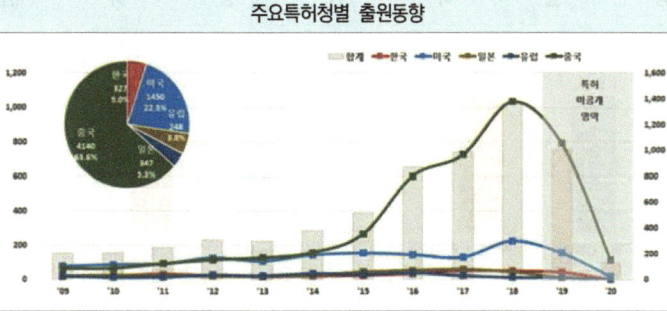

글로벌 주요출원인 분석

순위	출원인(국적)	전체 출원건수	3구간 출원건수	4구간 출원건수	3구간 대비 4구간 증감률	전체 출원 점유율
1	SONY(일본)	170	32	11	-65.6%	2.4%
2	MICROSOFT(미국)	96	31	3	-90.3%	1.4%
3	MICROSOFT TECHNOLOGY LICENSING(미국)	89	30	56	86.7%	1.3%
4	BEIJING GUANGNIAN WUXIAN SCIENCE(중국)	78	0	78	7,800.0%	1.1%
5	삼성전자(한국)	71	25	17	-32.0%	1.0%

한국특허청의 주요출원인 분석

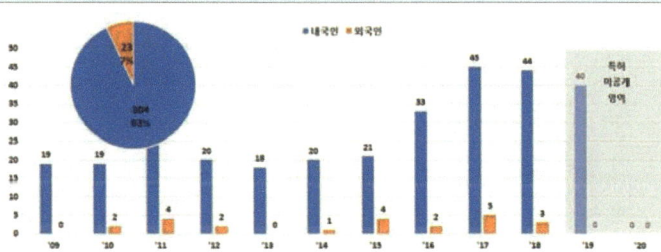

로봇 산업

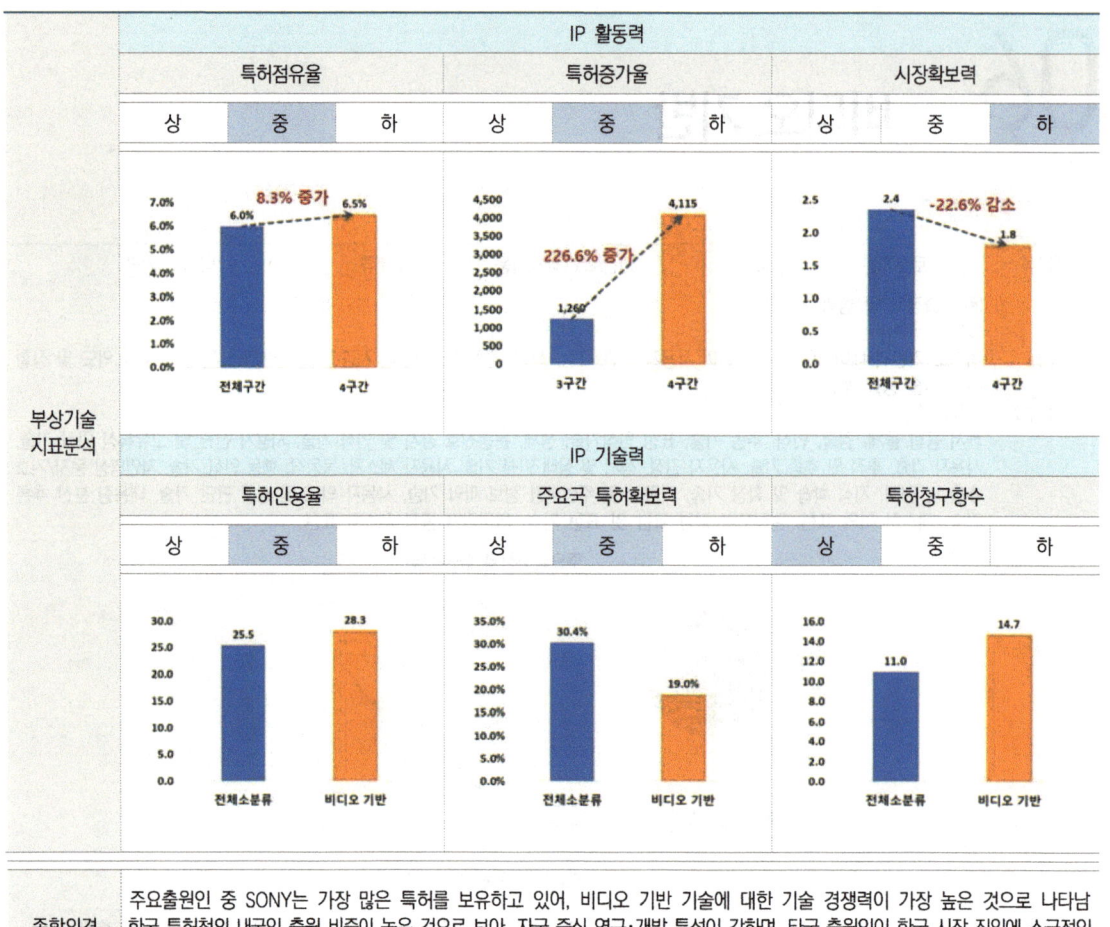

부상기술 지표분석	IP 활동력		
	특허점유율 (중)	특허증가율 (중)	시장확보력 (하)
	8.3% 증가 (6.0% → 6.5%)	226.6% 증가 (1,260 → 4,115)	-22.6% 감소 (2.4 → 1.8)
	IP 기술력		
	특허인용율 (중)	주요국 특허확보력 (중)	특허청구항수 (상)
	전체소분류 25.5 / 비디오 기반 28.3	전체소분류 30.4% / 비디오 기반 19.0%	전체소분류 11.0 / 비디오 기반 14.7

종합의견	주요출원인 중 SONY는 가장 많은 특허를 보유하고 있어, 비디오 기반 기술에 대한 기술 경쟁력이 가장 높은 것으로 나타남 한국 특허청의 내국인 출원 비중이 높은 것으로 보아, 자국 중심 연구·개발 특성이 강하며, 타국 출원인이 한국 시장 진입에 소극적인 것으로 판단됨

07 오감 관련 센싱 모듈

대분류	로봇기반	중분류	부품	소분류	오감 관련 센싱 모듈

기술개요

■ 기술정의 및 범위
[정의]
후각, 청각, 시각 기반의 센서를 통한 정보 인식 기술, 로봇을 원격 제어하기 위한 정보 처리 기술 등을 포함
[핵심기술]
후각기반 알고리즘 처리 소자 또는 모듈, 청각기반 알고리즘 처리 소자 또는 모듈, 비시인성 객체 탐지 및 인식 소자 또는 모듈, 시각기반 알고리즘 처리 소자 또는 모듈, Depth 기반 물체인식 소자 또는 모듈 기술

IP 트렌드

주요특허청별 출원동향

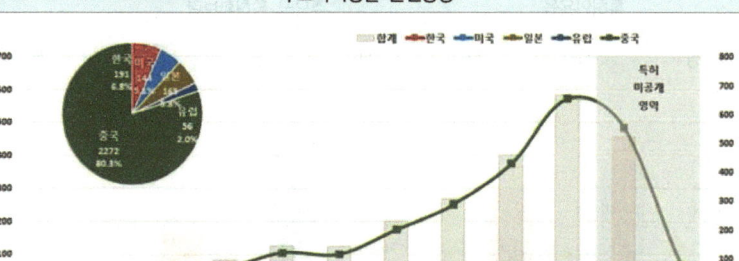

글로벌 주요출원인 분석

순위	출원인(국적)	전체 출원건수	3구간 출원건수	4구간 출원건수	3구간 대비 4구간 증감률	전체 출원 점유율
1	FANUC(일본)	128	11	47	327.3%	4.8%
2	SOUTH CHINA UNIVERSITY OF TECHNOLOGY(중국)	29	0	28	2,800.0%	1.1%
3	삼성전자(한국)	24	9	3	-66.7%	0.9%
4	SUZHOU BIANFENG ELECTRONIC TECHNOLOGY(중국)	23	23	0	-100.0%	0.9%
5	HONDA MOTOR(일본)	21	5	5	0.0%	0.8%

한국특허청의 주요출원인 분석

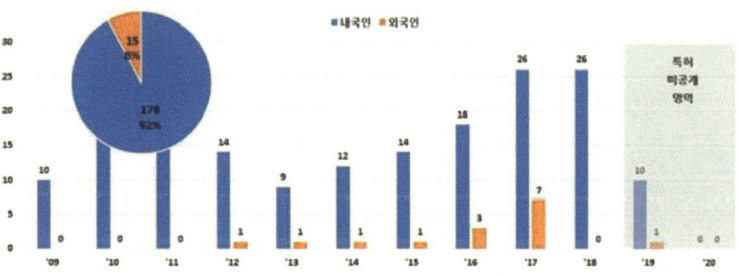

로봇 산업

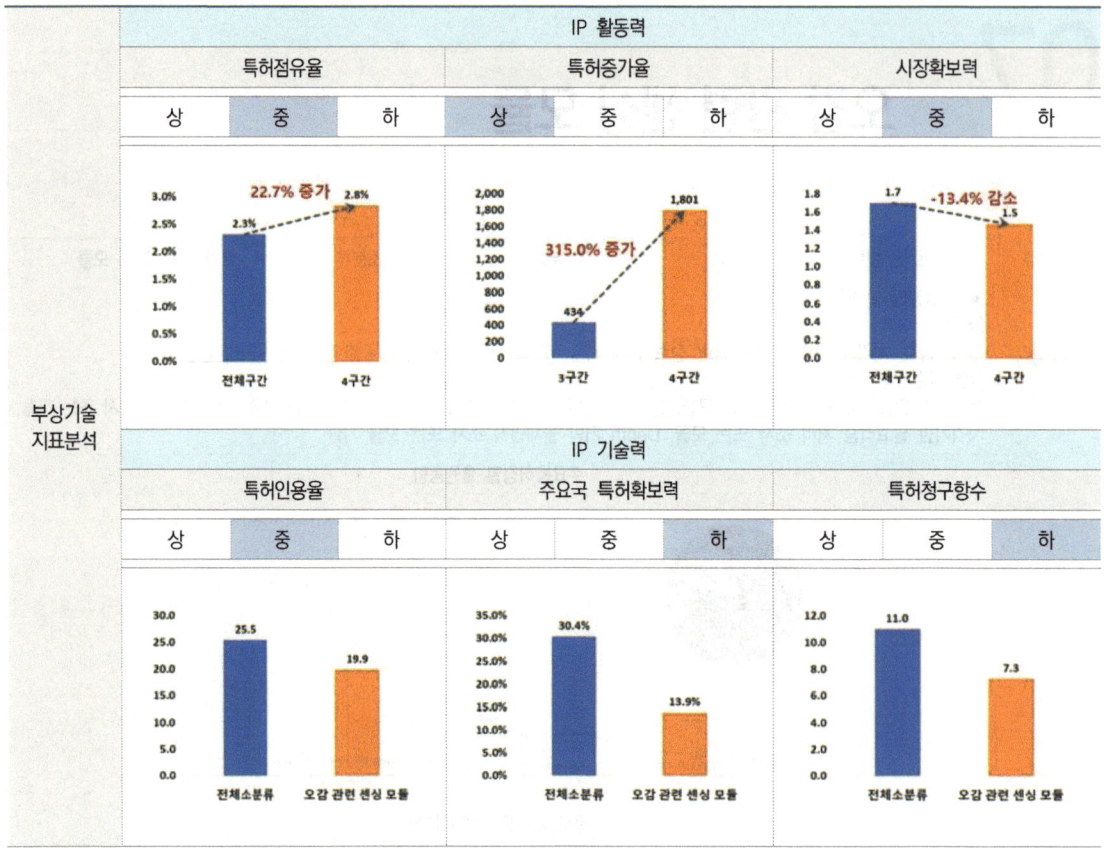

부상기술 지표분석	
종합의견	주요출원인 중 FANUC은 가장 많은 특허를 보유하고 있어, 오감 관련 센싱 모듈 기술에 대한 기술 경쟁력이 가장 높은 것으로 나타남 한국 특허청의 내국인 출원 비중이 높은 것으로 보아, 자국 중심 연구·개발 특성이 강하며, 타국 출원인이 한국 시장 진입에 소극적인 것으로 판단됨

VI. 로봇 산업 부상기술 지표 분석

환경 및 위치 인식

대분류	로봇기반	중분류	이동	소분류	환경 및 위치 인식
기술개요	■ 기술정의 및 범위 [정의] 실내외 환경에서 활용되는 위치 인식 및 구현 기술, 자기위치 추정 기술 등을 포함 [핵심기술] 실내 위치 인식 기술, 실외 위치 인식 기술					

주요특허청별 출원동향

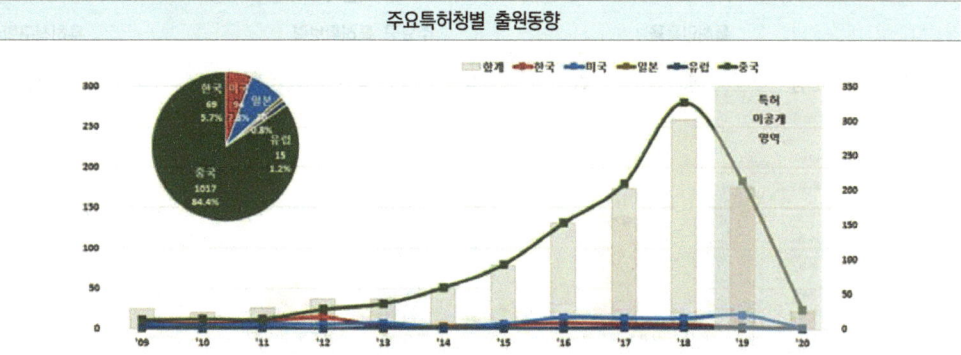

글로벌 주요출원인 분석

순위	출원인(국적)	전체 출원건수	3구간 출원건수	4구간 출원건수	3구간 대비 4구간 증감률	전체 출원 점유율
1	삼성전자(한국)	22	5	1	-80.0%	2.0%
2	한국전자통신연구원(한국)	13	7	0	-100.0%	1.2%
3	엘지전자(한국)	12	4	3	-25.0%	1.1%
4	STATE GRID CORPORATION OF CHINA(중국)	11	1	10	900.0%	1.0%
5	SOUTH CHINA UNIVERSITY OF TECHNOLOGY(중국)	8	0	8	800.0%	0.7%

한국특허청의 주요출원인 분석

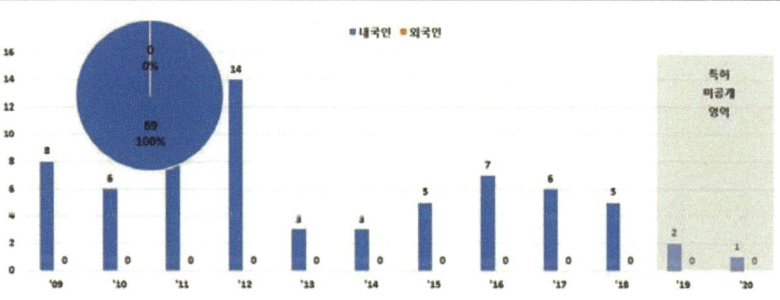

로봇 산업

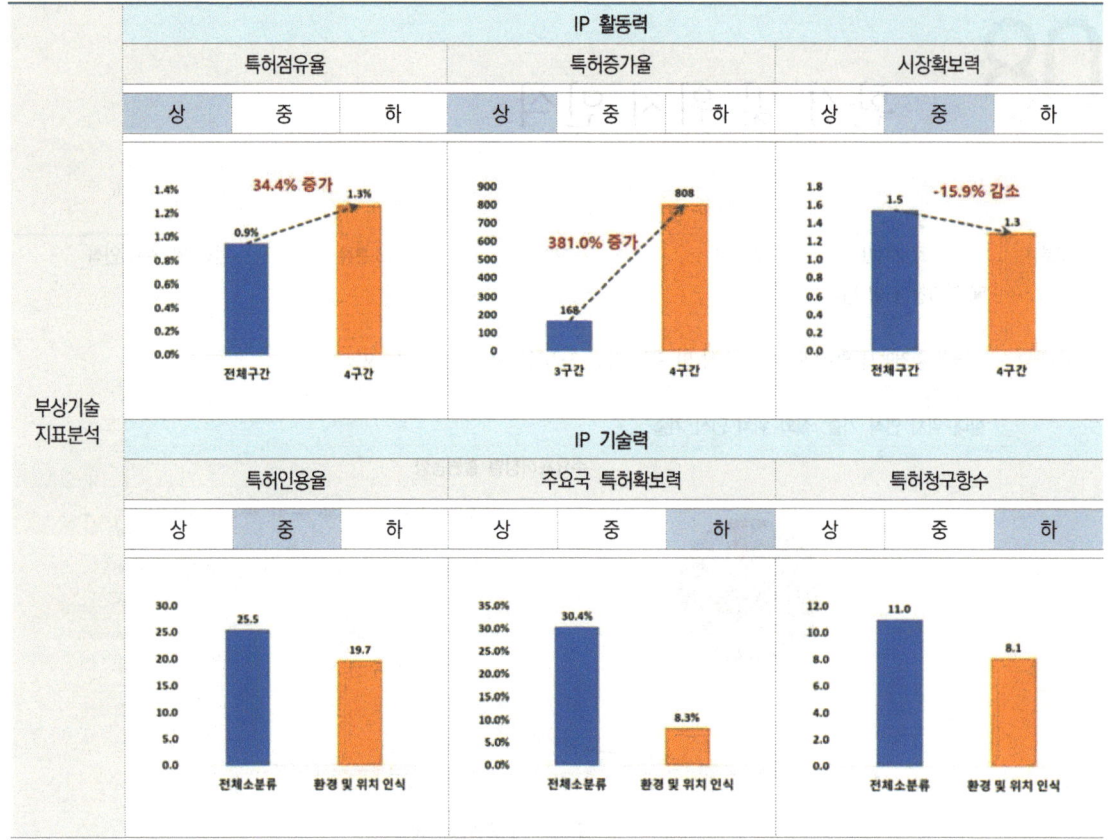

부상기술 지표분석		

종합의견	주요출원인 중 삼성전자는 가장 많은 특허를 보유하고 있어, 환경 및 위치 인식 기술에 대한 기술 경쟁력이 가장 높은 것으로 나타남 한국 특허청의 내국인 출원 비중이 높은 것으로 보아, 자국 중심 연구·개발 특성이 강하며, 타국 출원인이 한국 시장 진입에 소극적인 것으로 판단됨

09 모션 관련 센싱 모듈

대분류	로봇기반	중분류	부품	소분류	모션 관련 센싱 모듈

기술개요

■ 기술정의 및 범위
[정의]
모션 관련 센서 관련 기술로서, 소나 등 거리센서, 로봇 운동상태 측정 센서, 3D 환경 측정 센서 등을 포함
[핵심기술]
로봇 센서 기술, 수중 정밀 소나 기술, 로봇 운동상태 측정 센서 모듈, 3D 환경 측정 소자 또는 모듈 기술

IP 트렌드

주요특허청별 출원동향

글로벌 주요출원인 분석

순위	출원인(국적)	전체 출원건수	3구간 출원건수	4구간 출원건수	3구간 대비 4구간 증감률	전체 출원 점유율
1	삼성전자(한국)	115	25	37	48.0%	2.2%
2	FANUC(일본)	105	8	81	912.5%	2.0%
3	SEIKO EPSON(일본)	69	40	29	-27.5%	1.3%
4	엘지전자(한국)	57	6	27	350.0%	1.1%
5	SONY(일본)	55	18	8	-55.6%	1.1%

한국특허청의 주요출원인 분석

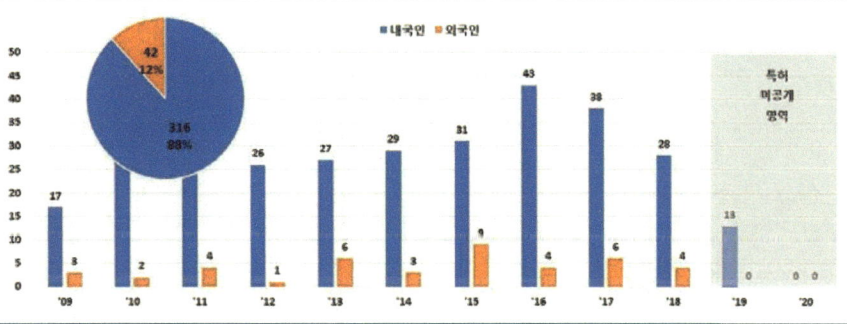

로봇 산업

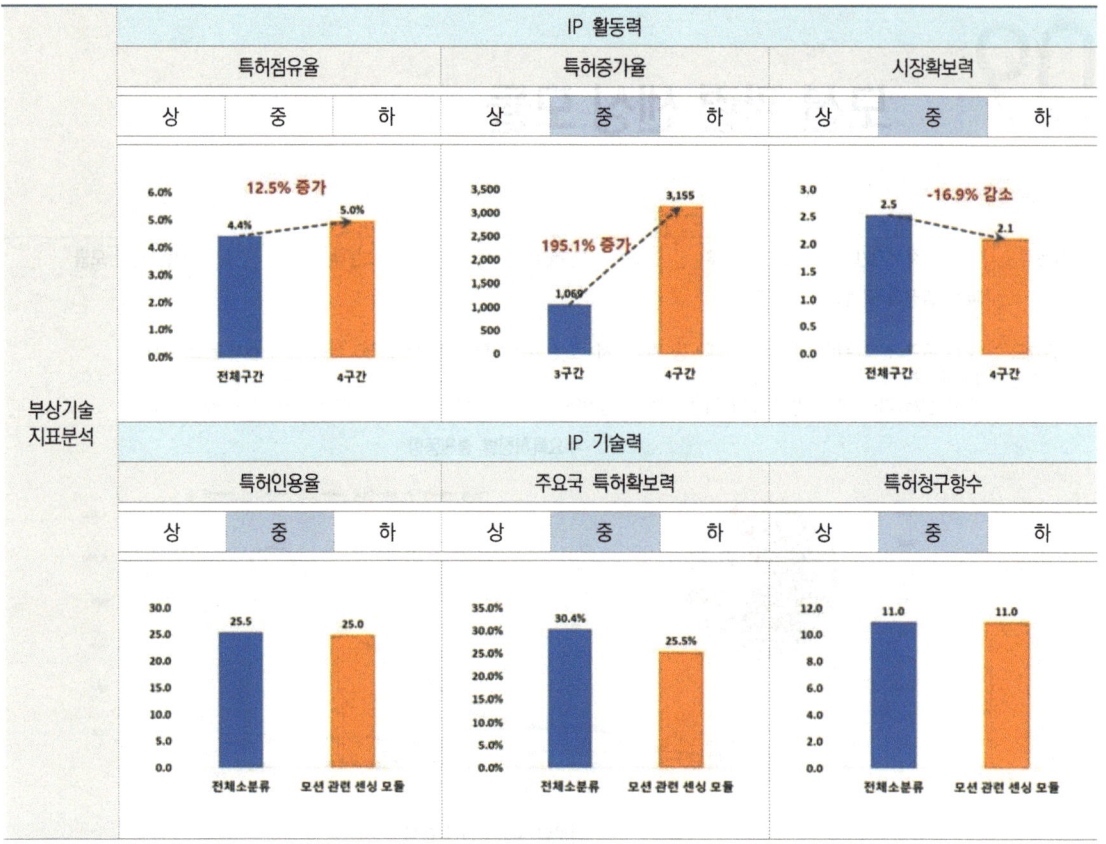

부상기술 지표분석	종합의견
	주요출원인 중 삼성전자는 가장 많은 특허를 보유하고 있어, 모션 관련 센싱 모듈 기술에 대한 기술 경쟁력이 가장 높은 것으로 나타남
	한국 특허청의 내국인 출원 비중이 높은 것으로 보아, 자국 중심 연구·개발 특성이 강하며, 타국 출원인이 한국 시장 진입에 소극적인 것으로 판단됨

10 매니플레이터 활용

대분류	로봇기반	중분류	기구부	소분류	매니플레이터 활용

기술개요

■ 기술정의 및 범위
[정의]
활용 분야별 로봇의 매니플레이터로서, 물체 이동 매니플레이터, 프로그램 제어 매니플레이터 등을 포함
[핵심기술]
물체 이동 매니플레이터, 주종형 매니플레이터, 차량용 매니플레이터, 마이크로 매니플레이터, 프로그램 제어 매니플레이터

IP 트렌드

주요특허청별 출원동향

글로벌 주요출원인 분석

순위	출원인(국적)	전체 출원건수	3구간 출원건수	4구간 출원건수	3구간 대비 4구간 증감률	전체 출원 점유율
1	HONDA MOTOR(일본)	939	133	64	-51.9%	3.4%
2	SONY(일본)	828	30	69	130.0%	3.0%
3	삼성전자(한국)	576	145	229	57.9%	2.1%
4	KABUSHIKI KAISHA YASKAWA DENKI(일본)	500	230	208	-9.6%	1.8%
5	TOYOTA MOTOR(일본)	472	101	105	4.0%	1.7%

한국특허청의 주요출원인 분석

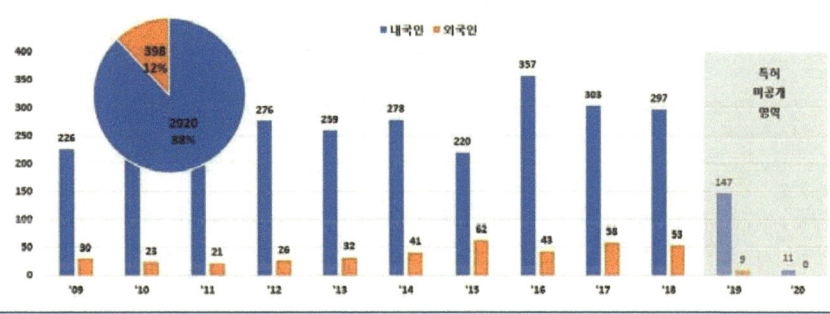

로봇 산업

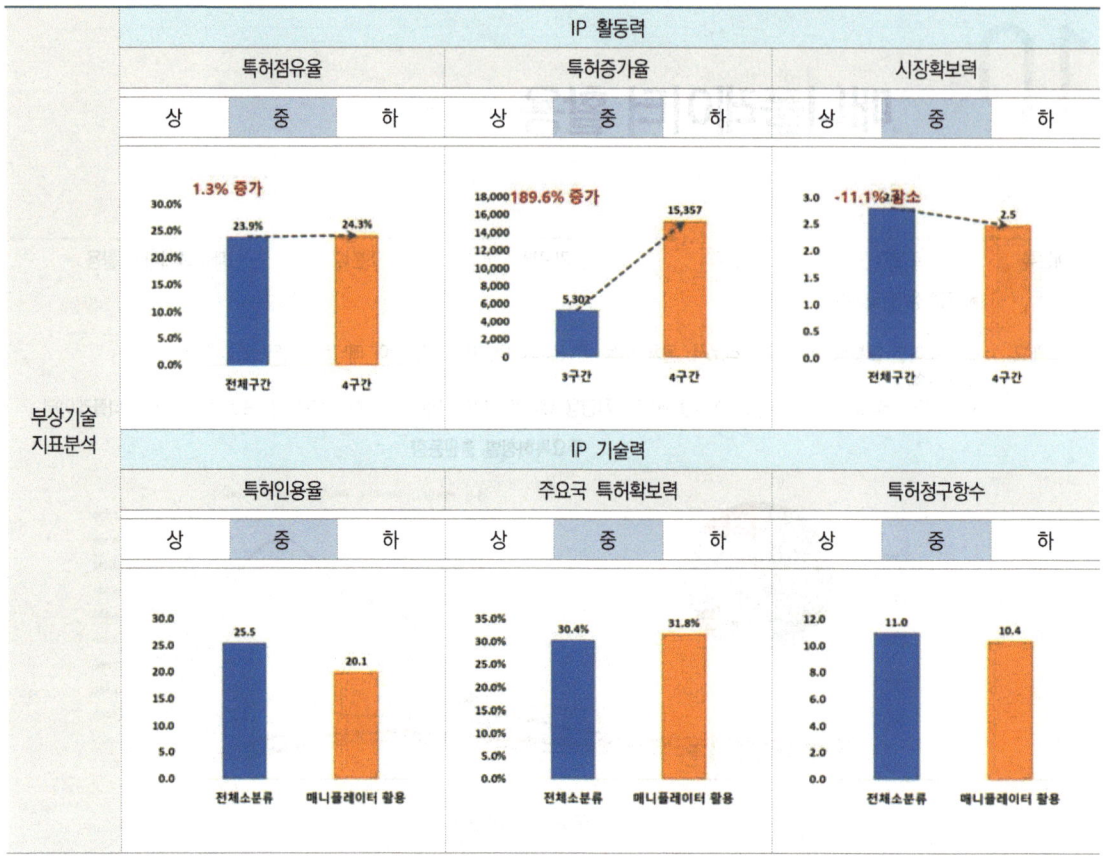

부상기술 지표분석	IP 활동력		
	특허점유율 (중)	특허증가율 (중)	시장확보력 (중)
	1.3% 증가 (23.9% → 24.3%)	189.6% 증가 (5,302 → 15,357)	-11.1% 감소 (2.8 → 2.5)
	IP 기술력		
	특허인용율 (중)	주요국 특허확보력 (중)	특허청구항수 (중)
	전체소분류 25.5 / 매니플레이터 활용 20.1	전체소분류 30.4% / 매니플레이터 활용 31.8%	전체소분류 11.0 / 매니플레이터 활용 10.4

종합의견

주요출원인 중 HONDA MOTOR은 가장 많은 특허를 보유하고 있어, 매니플레이터 활용 기술에 대한 기술 경쟁력이 가장 높은 것으로 나타남

한국 특허청의 내국인 출원 비중이 높은 것으로 보아, 자국 중심 연구·개발 특성이 강하며, 타국 출원인이 한국 시장 진입에 소극적인 것으로 판단됨

VII

부록

01 로봇 산업 중분류 기술별 분석

1-1. 로봇기반 특허청별 연도별 출원 현황

1-1-1. 부품

특허청	'99	'00	'01	'02	'03	'04	'05	'06	'07	'08	'09
한국	13	6	16	12	34	32	35	47	41	35	31
미국	27	24	44	36	38	45	61	69	62	78	65
일본	23	24	26	20	39	42	30	29	30	39	49
유럽	13	9	15	13	20	21	27	25	26	30	25
중국	2	1	3	11	14	18	29	17	32	55	59
합계	78	64	104	92	145	158	182	187	191	237	229

특허청	'10	'11	'12	'13	'14	'15	'16	'17	'18	'19	'20	합계
한국	47	60	42	43	45	54	69	81	58	24	0	825
미국	71	67	71	91	113	126	147	163	170	128	10	1,706
일본	26	35	39	36	38	51	26	61	60	15	2	740
유럽	25	39	36	35	46	49	43	46	25	14	0	582
중국	77	117	161	284	282	404	682	898	1,314	1,029	127	5,616
합계	246	318	349	489	524	684	967	1,249	1,627	1,210	139	9,469

* 특허는 통상 출원하고 1년 6개월 후에 공개되므로 2019년 이후에는 출원은 했으나 아직 공개되지 않은 특허가 일부 존재함

○ 부품 분야는 중국특허청이 5,616건(59.3%)으로 특허출원이 가장 활발한 것으로 분석되며, 한국특허청의 경우 특허 출원이 825건(8.7%)으로 3위로 분석됨

로봇 산업

1-1-2. 이동

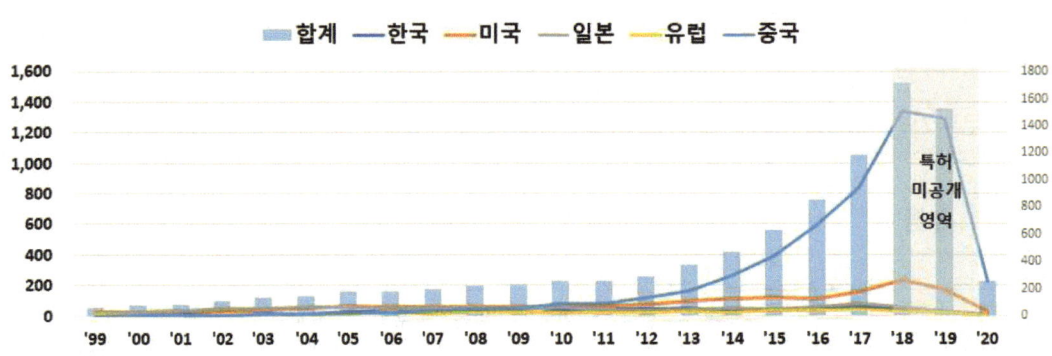

특허청	'99	'00	'01	'02	'03	'04	'05	'06	'07	'08	'09
한국	1	9	10	10	17	10	24	35	45	53	58
미국	25	29	32	35	45	48	62	56	57	61	58
일본	23	28	38	53	48	59	56	47	47	47	43
유럽	11	6	7	9	12	14	15	24	14	24	23
중국	0	4	3	8	13	16	20	20	34	42	48
합계	60	76	90	115	135	147	177	182	197	227	230

특허청	'10	'11	'12	'13	'14	'15	'16	'17	'18	'19	'20	합계
한국	45	48	46	47	24	38	53	59	51	26	2	711
미국	59	67	71	93	111	117	114	158	235	174	26	1,733
일본	59	42	32	43	47	46	58	83	58	19	3	979
유럽	18	21	19	29	21	35	34	43	26	21	0	426
중국	77	82	121	167	266	394	595	841	1,342	1,291	222	5,606
합계	258	260	289	379	469	630	854	1,184	1,712	1,531	253	9,455

* 특허는 통상 출원하고 1년 6개월 후에 공개되므로 2019년 이후에는 출원은 했으나 아직 공개되지 않은 특허가 일부 존재함

○ 이동 분야는 중국특허청이 5,606건(59.3%)으로 특허출원이 가장 활발한 것으로 분석되며, 한국특허청의 경우 특허 출원이 711건(7.5%)으로 4위로 분석됨

1-1-3. 작업

특허청	'99	'00	'01	'02	'03	'04	'05	'06	'07	'08	'09
한국	6	18	20	14	35	39	43	44	38	50	45
미국	53	51	81	76	73	76	87	72	91	65	72
일본	38	38	41	36	41	53	57	47	69	67	44
유럽	22	24	19	22	14	19	25	26	38	31	25
중국	2	6	8	12	24	14	29	34	38	32	62
합계	121	137	169	160	187	201	241	223	274	245	248

특허청	'10	'11	'12	'13	'14	'15	'16	'17	'18	'19	'20	합계
한국	56	66	65	59	50	56	71	56	41	25	0	897
미국	62	65	72	104	106	128	129	120	116	123	8	1,830
일본	48	39	51	58	68	69	55	67	49	10	0	1,045
유럽	36	31	40	41	40	48	62	42	27	9	0	641
중국	85	98	156	184	200	353	479	634	859	666	101	4,076
합계	287	299	384	446	464	654	796	919	1,092	833	109	8,489

* 특허는 통상 출원하고 1년 6개월 후에 공개되므로 2019년 이후에는 출원은 했으나 아직 공개되지 않은 특허가 일부 존재함

○ 작업 분야는 중국특허청이 4,076건(48.0%)으로 특허출원이 가장 활발한 것으로 분석되며, 한국특허청의 경우 특허 출원이 897건(10.6%)으로 4위로 분석됨

로봇 산업

1-1-4. 기구부

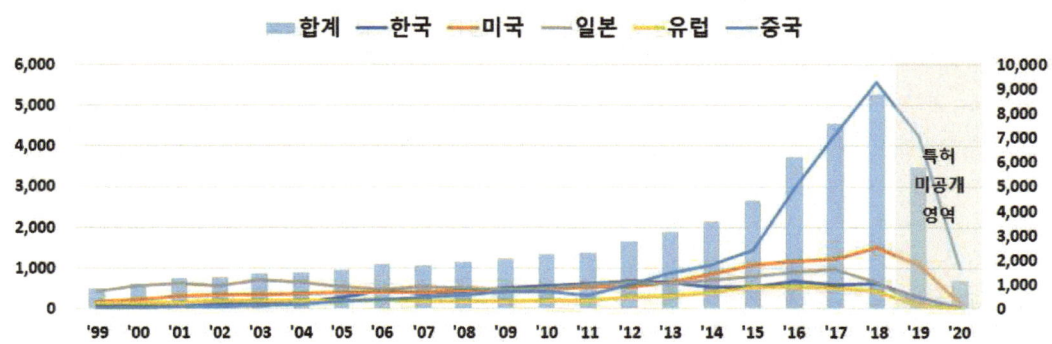

특허청	'99	'00	'01	'02	'03	'04	'05	'06	'07	'08	'09
한국	93	76	83	139	108	148	283	466	371	438	510
미국	160	219	319	332	358	375	413	392	400	450	448
일본	429	564	640	569	702	660	533	495	551	517	494
유럽	152	134	155	193	201	196	195	236	182	169	170
중국	20	32	54	52	87	118	191	228	297	349	422
합계	854	1,025	1,251	1,285	1,456	1,497	1,615	1,817	1,801	1,923	2,044

특허청	'10	'11	'12	'13	'14	'15	'16	'17	'18	'19	'20	합계
한국	575	619	699	653	539	537	680	595	632	293	18	8,555
미국	495	531	541	649	855	1,084	1,163	1,220	1,511	1,077	136	13,128
일본	526	597	652	638	724	791	925	977	655	131	11	12,781
유럽	210	204	285	315	391	541	534	504	421	87	6	5,481
중국	430	352	604	882	1,089	1,458	2,950	4,307	5,573	4,231	998	24,724
합계	2,236	2,303	2,781	3,137	3,598	4,411	6,252	7,603	8,792	5,819	1,169	64,669

* 특허는 통상 출원하고 1년 6개월 후에 공개되므로 2019년 이후에는 출원은 했으나 아직 공개되지 않은 특허가 일부 존재함

○ 기구부 분야는 중국특허청이 24,724건(38.2%)으로 특허출원이 가장 활발한 것으로 분석되며, 한국특허청의 경우 특허 출원이 8,555건(13.2%)으로 4위로 분석됨

1-1-5. 인간로봇 상호작용

특허청	'99	'00	'01	'02	'03	'04	'05	'06	'07	'08	'09
한국	6	13	18	9	12	10	24	33	35	24	23
미국	51	62	107	78	86	82	61	109	95	87	81
일본	31	32	38	32	64	43	48	31	29	31	23
유럽	8	17	25	16	16	26	18	19	20	19	20
중국	4	3	11	14	12	22	16	21	39	46	66
합계	100	127	199	149	190	183	167	213	218	207	213

특허청	'10	'11	'12	'13	'14	'15	'16	'17	'18	'19	'20	합계
한국	21	34	25	24	23	27	37	56	54	53	1	562
미국	88	95	126	113	147	155	149	132	242	165	17	2,328
일본	25	27	23	23	29	49	60	73	56	15	0	782
유럽	13	16	26	22	35	30	39	24	14	14	0	437
중국	66	94	124	136	172	291	681	823	1,182	891	119	4,833
합계	213	266	324	318	406	552	966	1,108	1,548	1,138	137	8,942

* 특허는 통상 출원하고 1년 6개월 후에 공개되므로 2019년 이후에는 출원은 했으나 아직 공개되지 않은 특허가 일부 존재함

○ 인간로봇 상호작용 분야는 중국특허청이 4,833건(54.0%)으로 특허출원이 가장 활발한 것으로 분석되며, 한국특허청의 경우 특허 출원이 562건(6.3%)으로 4위로 분석됨

1-2. 로봇기반 중분류 기술별 주요 출원인 TOP5

구분	TOP1	TOP2	TOP3	TOP4	TOP5
부품	FANUC (217건, 2.2%)	삼성전자 (136건, 1.4%)	SEIKO EPSON (81건, 0.8%)	엘지전자 (74건, 0.8%)	HONDA MOTOR (66건, 0.7%)
이동	FANUC (169건, 1.6%)	삼성전자 (137건, 1.3%)	TOYOTA MOTOR (96건, 0.9%)	HONDA MOTOR (85건, 0.8%)	SONY (75건, 0.7%)
작업	삼성전자 (150건, 1.7%)	FANUC (117건, 1.4%)	SRI INTERNATIONAL (108건, 1.3%)	KAWASAKI JUKOGYO (91건, 1.1%)	TOYOTA MOTOR (88건, 1.0%)
기구부	KABUSHIKI KAISHA YASKAWA DENKI (1,305건, 1.7%)	HONDA MOTOR (1,281건, 1.7%)	FANUC (1,172건, 1.5%)	SEIKO EPSON (1,159건, 1.5%)	SONY (1,115건, 1.4%)
인간로봇 상호작용	SONY (192건, 1.8%)	MICROSOFT (101건, 1.0%)	BEIJING GUANGNIAN WUXIAN SCIENCE & TECHNOLOGY (97건, 0.9%)	MICROSOFT TECHNOLOGY LICENSING (91건, 0.9%)	삼성전자 (84건, 0.8%)

2-1. 로봇응용 특허청별 연도별 출원 현황

2-1-1. 서비스 로봇

특허청	'99	'00	'01	'02	'03	'04	'05	'06	'07	'08	'09
한국	10	32	31	16	23	23	31	59	57	71	105
미국	75	120	163	151	167	171	180	202	211	223	183
일본	25	34	63	51	51	24	37	35	49	49	30
유럽	49	46	45	48	38	47	54	89	53	75	58
중국	10	20	26	19	39	46	53	63	66	87	101
합계	169	252	328	285	318	311	355	448	436	505	477

특허청	'10	'11	'12	'13	'14	'15	'16	'17	'18	'19	'20	합계
한국	99	113	108	133	118	114	119	141	175	60	4	1,642
미국	188	238	237	284	303	291	337	354	303	289	51	4,721
일본	53	63	71	87	98	96	132	124	129	56	7	1,364
유럽	47	68	84	101	94	99	106	95	51	19	0	1,366
중국	135	189	229	297	367	474	735	833	1,169	711	148	5,817
합계	522	671	729	902	980	1,074	1,429	1,547	1,827	1,135	210	14,910

* 특허는 통상 출원하고 1년 6개월 후에 공개되므로 2019년 이후에는 출원은 했으나 아직 공개되지 않은 특허가 일부 존재함

○ 서비스 로봇 분야는 중국특허청이 5,817건(39.0%)으로 특허출원이 가장 활발한 것으로 분석되며, 한국특허청의 경우 특허 출원이 1,642건(11.0%)으로 3위로 분석됨

로봇 산업

2-2. 로봇응용 중분류 기술별 주요 출원인 TOP5

구분	TOP1	TOP2	TOP3	TOP4	TOP5
서비스 로봇	SRI INTERNATIONAL (506건, 3.4%)	INTUITIVE SURGICAL (400건, 2.7%)	OLYMPUS (306건, 2.0%)	삼성전자 (237건, 1.6%)	SONY (135건, 0.9%)

별첨

로봇 산업 별첨

별첨

소분류별 특허 검색식

소분류	검색식
구동모듈	((f01* f02* f03* f04* f15*).ipc. or (f01* f02* f03* f04* f15*).cpc.) and ((로봇* 로보* 로버트* 로벗* 로오봇* 매니플레이터* 매니퓰레이터* 매니풀레이터* 머니플레이터* 머니퓰레이터* 머니풀레이터* robot* manipulat*) and (감속 reducer* decelerat* 유압 hydraulic* (oil* near1 press*) (근육* near3 구동*) (근육* near3 드라이*) (muscle* near3 driv*) (모터* near3 구동*) (모터* near3 드라이*) (전동* near3 드라이*) (motor* near3 driv*) (다축* near3 제어*) (다관절* near3 제어*) (조인트* near3 제어*) (joint* near3 제어*) (구동* near3 부품*) (구동* near3 모듈*) (driv* near2 part*) (driv* near2 module*) (driv* near2 component*))).key. and (@ad)=19980101)
모션 관련 센싱 모듈	((로봇* 로보* 로버트* 로벗* 로오봇* 매니플레이터* 매니퓰레이터* 매니풀레이터* 머니플레이터* 머니퓰레이터* 머니풀레이터* robot* manipulat*) and (모션* 운동* 움직임* motion* movement* 진동* vibrat* 소나* sonar* (수중* near2 음파*) (sound* near2 navigat*)) and (센서* 센싱* 감지* 검출* 탐지* sensor* sensing* detect*)).key. and (@ad)=19980101
오감 관련 센싱 모듈	((로봇* 로보* 로버트* 로벗* 로오봇* 매니플레이터* 매니퓰레이터* 매니풀레이터* 머니플레이터* 머니퓰레이터* 머니풀레이터* robot* manipulat*) and (시각* 비전* 비젼* sight* vision* 비시인* 비가시* invisible* 레이더* 레이저* 초음파* laser* radar* ultrasonic* supersound* 후각* smell* 냄새* 향기* 악취* odor* scent* fragrance* (전자* adj1 코*) (electr* adj1 nose*) 청각* auditory* hear* (화자* near2 인식*) (화자* near2 인지*) (speaker* near2 recogni*) (speaker* near2 awareness*) (단어* near2 인식*) (단어* near2 인지*) (word* near2 recogni*) (word* near2 awareness*) (음원* near2 인식*) (음원* near2 인지*) (대화* near2 인식*) (대화* near2 인지*) (conversation* near2 recogni*) (conversation* near2 awareness*)) and (센서* 센싱* 감지* 검출* 탐지* sensor* sensing* detect*)).key. and (@ad)=19980101
환경 및 위치 인식	((로봇* 로보* 로버트* 로벗* 로오봇* 매니플레이터* 매니퓰레이터* 매니풀레이터* 머니플레이터* 머니퓰레이터* 머니풀레이터* robot* manipulat*) and (위치* 장소* 로케이션* locat* 자리* 지점* 사이트* site* 포지션* position* 표식* 마크* mark* 스팟* 스폿* spot* 방향* 방위* 좌표* direction* orientation* coordinat* 환경* environment* 장애물* 장벽* obstacle* obstruction* wall* barrier*) and (인식* 인지* 식별* 파악* 판단* 추적* 탐지* cogni* localiz* agniz* realiz* appreciat* reckon* perce* identif* trace* track*) and (실내* 집안* 가정* indoor* home* interior* 사무실* 빌딩* office* building* 실외* outdoor* outside* gps* (global* adj1 position*))).key. and (@ad)=19980101
경로 계획	((로봇* 로보* 로버트* 로벗* 로오봇* 매니플레이터* 매니퓰레이터* 매니풀레이터* 머니플레이터* 머니퓰레이터* 머니풀레이터* robot* manipulat*) and (경로* 이동* 무빙* 주행* 진행* 코스* 도로* 루트* 트랙* path* course* route* way* strret* road* track* move* moving*) and (계획* 설계* 프로그래밍* 스케줄* 스케쥴* 탐색* 예측* 예상* 계산* plan* map* program* schedul* predict* procedure* 회피* avoid*) and (2차원* 이차원* 2d* (2 adj1 dimen*) (two adj1 dimen*) 3차원* 삼차원* 3d* (3 adj1 dimen*) (three adj1 dimen*) 공간* 스페이스* space*)).key. and (@ad)=19980101
환경 모델링	((로봇* 로보* 로버트* 로벗* 로오봇* 매니플레이터* 매니퓰레이터* 매니풀레이터* 머니플레이터* 머니퓰레이터* 머니풀레이터* robot* manipulat*) and (환경* environment* 2차원* 이차원* 2d* (2 adj1 dimen*) (two* adj1 dimen*) 3차원* 삼차원* 3d* (3 adj1 dimen*) (three* adj1 dimen*) 공간* 스페이스* space* 입체*) and (모델* model* 맵핑* 매핑* 맵* 지도* map* 시뮬레이* simulat* 스캔* scan* 애니메이션* animat* 홀로그램* 홀로그래* hologra*)).key. and (@ad)=19980101
이동 매커니즘	((로봇* 로보* 로버트* 로벗* 로오봇* 매니플레이터* 매니퓰레이터* 매니풀레이터* 머니플레이터* 머니퓰레이터* 머니풀레이터* robot* manipulat*) and (이동* 무브* 무빙* 주행* 보행* 워크* move* moving* walk* mobile* 운송* 이송* 반송* 탑승* transfer* transport*) and (차륜* 전륜* 후륜* 2륜* 이륜* 4륜* 사륜* (front* near2 wheel*) (rear* near2 wheel*) (two* near2 wheel*) (four* near2 wheel*) 액추* 액츄* 액투* 액튜* 엑투* 엑튜* actuat* (인공* near2 근육*) (artificial* near2 muscle*) 다족* (멀티* near1 레그*) (multi* near1 leg*) 이족* 삼족* 사족* 2족* 3족* 4족* (two* near1 leg*)

로봇 산업

소분류	검색식
	(biped* near1 leg*) (three* near1 leg*) (four* near1 leg*) (생체* near2 모방*) (바이오* adj1 미메틱*) (바이오* adj1 미매틱*) (bio* adj1 mimetic*) (바이오* adj1 모픽*) (bio* adj1 morphic*) 뱀* snake* 곤충* 벌레* bug* 물고기* fish*)).key. and (@ad)=19980101)
안전	((로봇* 로보* 로버트* 로봇* 로오봇* 매니플레이터* 매니퓰레이터* 매니풀레이터* 머니플레이터* 머니퓰레이터* 머니풀레이터* robot* manipulat*) and (안전* 위험* 충돌* 추돌* 접촉* 사고* 추락* 고장* safe* secur* danger* risk* hazard* collision* collide* impact* crash* accid* trouble*) and (대응* 대비* 대처* 대책* 회피* 방지* respon* maneuver* action* avoid* evasion* evade* manage* treat*)).key. and (@ad)=19980101)
협동	((로봇* 로보* 로버트* 로봇* 로오봇* 매니플레이터* 매니퓰레이터* 매니풀레이터* 머니플레이터* 머니퓰레이터* 머니풀레이터* robot* manipulat*) and (협업* 협력* 협조* 협동* 분업* 분장* 분담* (co* adj1 operat*) collaborat* 마스터* 슬레이브* master* slave* 서버* 클라이언트* server* client* (메인* near2 시스템*) (메인* near2 장치*) (서브* near2 시스템*) (서브* near2 장치*) (main* near2 system*) (main* near2 device*) (sub* near2 system*) (sub* near2 device*))).key. and (@ad)=19980101)
환경	((로봇* 로보* 로버트* 로봇* 로오봇* 매니플레이터* 매니퓰레이터* 매니풀레이터* 머니플레이터* 머니퓰레이터* 머니풀레이터* robot* manipulat*) and (센서* 센싱* 감지* 검출* 탐지* sensor* sensing* detect*) and (환경* environment* 2차원* 이차원* 2d* (2 adj1 dimen*) (two adj1 dimen*) 3차원* 삼차원* 3d* (3 adj1 dimen*) (three* adj1 dimen*) 공간* 스페이스* space* 입체* 형상* 형태* 강성* shape* form* hardness* sriffness* ridigit*) and (추정* 추산* 추론* 추측* 유추* 예측* 판단* 해석* decision* decid* determin* estimat* assum* presum* predic* forecast* foresee* conjecture*)).key. and (@ad)=19980101)
계획 및 제어	((로봇* 로보* 로버트* 로봇* 로오봇* 매니플레이터* 매니퓰레이터* 매니풀레이터* 머니플레이터* 머니퓰레이터* 머니풀레이터* robot* manipulat*) and (계획* 설계* 스케줄* 스케쥴* schedul* 제어* 통제* 조절* 조정* 컨트롤* 컨트럴* 콘트롤* 콘트럴* control* adjust* revision* revise* regulat* modif*) and ((물체* near3 조작*) (물체* near3 파지*) (물체* near3 그립*) (물체* near3 그리퍼*) (물건* near3 조작*) (물건* near3 파지*) (물건* near3 그립*) (물건* near3 그리퍼*) (작업물* near3 조작*) (작업물* near3 파지*) (작업물* near3 그립*) (작업물* near3 그리퍼*) (object* near3 adjust*) (object* near3 grasp*) (object* near3 grip*) (product* near3 adjust*) (product* near3 grasp*) (product* near3 grip*) (작업* near3 경로*) (작업* near3 루트*) (작업* near3 동선*) (공정* near3 경로*) (공정* near3 루트*) (공정* near3 동선*) (조립* near3 경로*) (조립* near3 루트*) (조립* near3 동선*) (업무* near3 경로*) (업무* near3 루트*) (업무* near3 동선*) (work* near3 path*) (work* near3 route*) (job* near3 path*) (job* near3 route*))).key. and (@ad)=19980101)
시뮬레이션	((로봇* 로보* 로버트* 로봇* 로오봇* 매니플레이터* 매니퓰레이터* 매니풀레이터* 머니플레이터* 머니퓰레이터* 머니풀레이터* robot* manipulat*) and (시뮬레이션* simulat* 해석* 분석* analy* 모델링* model* 설계* design*) and (다물체* (다중* near1 물체*) (다중* near1 바디*) (멀티* near1 바디*) (multi* near1 body*) (multi* near1 object*) 강체* 강성* strongness* (strong* near1 property*) hardness* stiffness* rigidity* (rigid* adj1 body*) geostatic* 탄성* springy* resilie* (조인트* near3 접촉*) (joint* near3 contact*) (joint* near3 touch*))).key. and (@ad)=19980101)
매니플레이터 활용	((b25j-001/00* b25j-003/00* b25j-005/00* b25j-007/00* b25j-009/00*).ipc. or (b25j-0001/00* b25j-0003/00* b25j-0005/00* b25j-0007/00* b25j-0009/00*).cpc.) and (@ad)=19980101)
매니플레이터 제어 및 부속 장치	((b25j-013/00* b25j-019/00*).ipc. or (b25j-0013/00* b25j-0019/00* y10s-0901/19*).cpc.) and (@ad)=19980101)
매니플레이터 구조	((b25j-015/00* b25j-017/00* b25j-018/00*).ipc. or (b25j-0015/00* b25j-0017/00* b25j-0018/00* y10s-0901/14* y10s-0901/27* y10s-0901/30* a61b-2034/305* b23k-0026/0884* b29b-2017/022* b29c-2045/4266* f16c-2322/59*).cpc.) and (@ad)=19980101)
오디오 기반	((로봇* 로보* 로버트* 로봇* 로오봇* 매니플레이터* 매니퓰레이터* 매니풀레이터* 머니플레이터* 머니퓰레이터* 머니풀레이터* robot* manipulat*) and (인간* 사람* 휴먼* 사용자* 유저* human* person* user*) and (음성* 소리* 대화* 스피치* 문장* 언어* voice* speark* speech* conversation* sound* dialogue* language* 음원* 음성* 보이스* 사운드*) and ((상호 adj1 작용*) 인터랙* 인터렉* interact* 인식* 인지* 식별* 파악* 판단* 추적* 탐지* cogni* localiz* agniz* realiz* appreciat* reckon* perce*

소분류	검색식
	identif* trace* track* 센싱* sense* sensing* 추정* 예측* forecast* foresee* predict* aware* hri*)).key. and (@ad)=19980101)
비디오 기반	((로봇* 로보* 로버트* 로벗* 로오봇* 매니플레이터* 매니퓰레이터* 매니풀레이터* 머니플레이터* 머니퓰레이터* 머니풀레이터* robot* manipulat*) and (인간* 사람* 휴먼* 사용자* 유저* human* person* user*) and (표정* 감정* 기분* 얼굴* 페이스* face* facial* expression* look* stress* condition* emot* feel* 생체* 운동* 바이오* bio* emg* eeg* ecg* 근전도* 뇌파* 심전도* 신원* 신분* 홍채* identi* iris* 제스처* 제스쳐* 모션* 동작* gesture* motion* 행동* behavior* 문자* 텍스트* text* word* 단어* 키워드*) and ((상호* adj1 작용*) 인터랙* 인터렉* interact* 인식* 인지* 식별* 파악* 판단* 추적* 탐지* cogni* localiz* agniz* realiz* appreciat* reckon* perce* identif* trace* track* 센싱* sense* sensing* 추정* 예측* forecast* foresee* predict* aware* hri*)).key. and (@ad)=19980101)
개인서비스	((a47l-2201/00* b25j-0009/0003* b25j-0011/003*).cpc.) or ((로봇* 로보* 로버트* 로벗* 로오봇* 매니플레이터* 매니퓰레이터* 매니풀레이터* 머니플레이터* 머니퓰레이터* 머니풀레이터* robot* manipulat*) and (케어* 간병* 재활* 리허빌리* 장애인* (health* near2 care*) rehabili* nursing* care* 교육* 학습* 공부* educat* study* 가사* 가정* 집안* (집* near1 청소*) house* home* (house* near1 clean*) (home* near1 clean*) (home* adj1 service*) (house* adj1 service*) (personal* adj1 service*) (개인* adj1 서비스*) 엔터테인먼트* 오락* 여가* 레저* entertainment* leisure* 취미* hobby* 애완* pet* 장난감* 토이* toy* 완구* 게임* game*)).key. and (@ad)=19980101)
전문서비스	((a01d-046/30* a61b-034/00* a61b-034/30* a61b-034/37*).ipc. or (a61b-0034/00* a61b-0034/25* a61b-0034/7* a61b-0034/3* a61b-2034/3* a61f-2002/4632* g05b-2219/2661* a61b-0006/4458*).cpc.) and ((로봇* 로보* 로버트* 로벗* 로오봇* 매니플레이터* 매니퓰레이터* 매니풀레이터* 머니플레이터* 머니퓰레이터* 머니풀레이터* robot* manipulat*) or (국방* 군사* military* army* 재난* 재해* disaster* calamity* catastrophe* 유지* 보수* maintain* repair* 물류* 배송* logistic* 스포츠* sports* 농업* 농사* 작물* farm* crop* 축산* 가축* livestock* 수술* 의료* 치료* surgery* remedy* medical* treatment* 병원* hospital* 수중* 해양* (under* adj1 water*) ocean* 웨어러블* wearable* 착용* 외골격* exoskeleton* 건설* construct* 교통* traffic*)).key. and (@ad)=19980101)

2020년 특허 메가트렌드 분석 보고서
로봇 산업

초판 인쇄 2021년 10월 15일
초판 발행 2021년 10월 20일

저 자 특허청·한국특허전략개발원
발행인 김갑용

발행처 진한엠앤비
주소 서울시 서대문구 독립문로 14길 66 205호(냉천동 260)
전화 02) 364 - 8491(대) / 팩스 02) 319 - 3537
홈페이지주소 http://www.jinhanbook.co.kr
등록번호 제25100-2016-000019호 (등록일자 : 1993년 05월 25일)
ⓒ2021 jinhan M&B INC, Printed in Korea

ISBN 979-11-290-2505-0 (93500)   [정가 13,000원]

☞ 이 책에 담긴 내용의 무단 전재 및 복제 행위를 금합니다.
☞ 잘못 만들어진 책자는 구입처에서 교환해 드립니다.
☞ 본 도서는 [공공데이터 제공 및 이용 활성화에 관한 법률]을 근거로 출판되었습니다.